図解

苦手を〝おもしろい〟に変える!

大人になってからもう一度受けたい授業

相対性理論

監修 松原隆彦
高エネルギー加速器研究機構
素粒子原子核研究所教授

著者 深澤伊吹
京都大学大学院 工学研究科 博士前期課程

朝日新聞出版

はじめに

読者の皆さんは、相対性理論という名前は聞いたことがあっても、なんだかむずかしい理論らしい、という印象を持っているかもしれません。その理論を作り出したアインシュタインについては、いまでも天才の代名詞として有名なので、その風貌とともに名前を記憶している人も多いでしょう。

相対性理論はそれまで考えられてきた時間や空間の概念を覆す理論なので、常識にとらわれていると理解しにくいと感じるかもしれません。しかし、その基本的な考え方は単純なものです。ただ、直感的に当たり前だと思っている常識をいったん捨ててかかる必要があります。それさえできれば、誰にでもその基本的なところは理解できるはずです。

本書は、中学校で習うようなやさしい数学だけを使い、わかりやすいイラストとともに相対性理論を解説しています。まずは相対性理論以前にどのように時間空間がとらえられていたのかという説明からはじめ、その次になぜ相対性理論が必要とされたのかを順を追って説明しています。相対性理論には、特殊相対性理論と一般相対性理論の2種類がありますが、最初につくられた特殊相対性理論については、やさしい数学だけである程度具体的な計算も理解できるようになります。時間や空間が立場によって異なって観測されるという不思議な世界を十分に堪能できるでしょう。一般相対性理論は、特殊相対性理論をさらに一般化したもので、これにより重力という力の本質を時間空間の性質によって説明することができるようになりました。

特殊相対性理論が正しいことは世界中で無数に行われている実験で確かめられていますし、実は私たちの生活を便利にする技術にも深く関わっています。また、一般相対性理論は宇宙で起きている現象を理解するのになくてはならないものになっています。宇宙に関するニュースでよく耳にするブラックホールや重力波といった現象もすべて相対性理論によって予言されたもので、それが実際にこの宇宙にあることが実験観測によって確かめられています。

このような驚くべき相対性理論について、その基本的なところを知っているのと知っていないのとでは、世界の見方が大きく変わるでしょう。常識を捨てて新しい物の見方を探している人にとっても、本書を読むことでなにかヒントが得られるかもしれません。また、誰にとってもとてもよい頭の体操になると思います。この本によって、ぜひ一人でも多くの方が相対性理論に親しんでいただけたらと願っています。

松原隆彦

目次

PART 1 相対性理論以前の物理学を知る

PART 2 特殊相対性理論の世界へようこそ

PART 3 一般相対性理論の世界へようこそ

PART 4 相対性理論と私たちの生活

— staff —

装丁・本文デザイン 清水真理子（ＴＹＰＥＦＡＣＥ）
イラスト 児島衣里
校正校閲 上浪春海
編集協力 株式会社エディポック
企画編集 松浦美帆（朝日新聞出版）

PART 1

本書の道順

1 2大理論、ニュートン力学と電磁気学では、説明のつかないことがあった ☞20～33ページ

ニュートン

物体の運動とそこに働く力に関する学問を作り上げました

電気や磁気に関する学問をまとめ上げました

マクスウェル

光は波ではないでしょうか？

マクスウェル

ニュートン

海の波は水を伝わります。光が波だとすればいったい何を伝わったんでしょうか？

2 光を伝えるものとして「エーテル」の存在が取りざたされたが否定された ☞32～35ページ

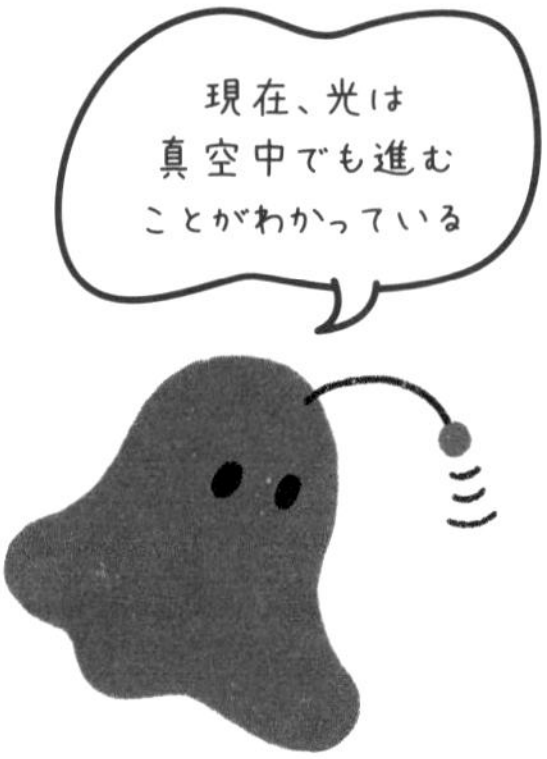
現在、光は
真空中でも進む
ことがわかっている

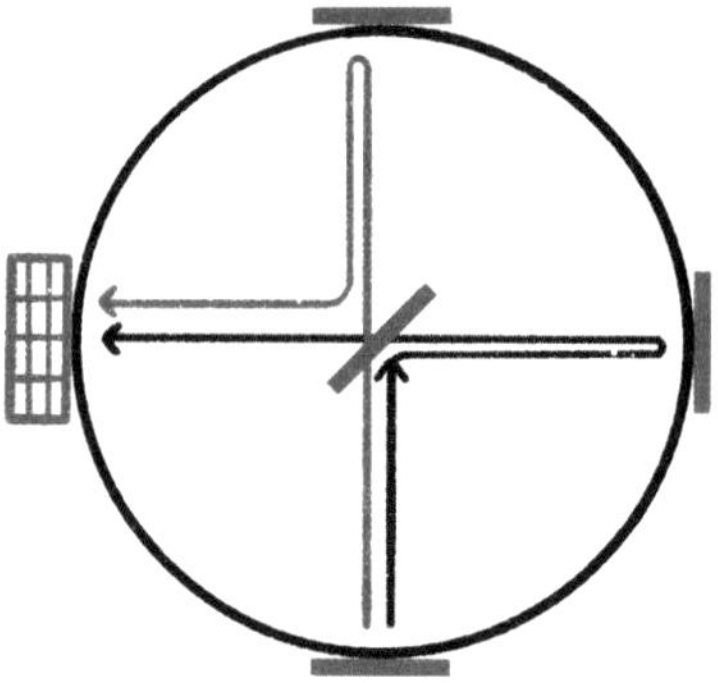

3

アインシュタインはエーテルがない＝時間や空間の絶対的な基準となるものがないと考え、新しい理論が必要だと感じた ☞36～41ページ

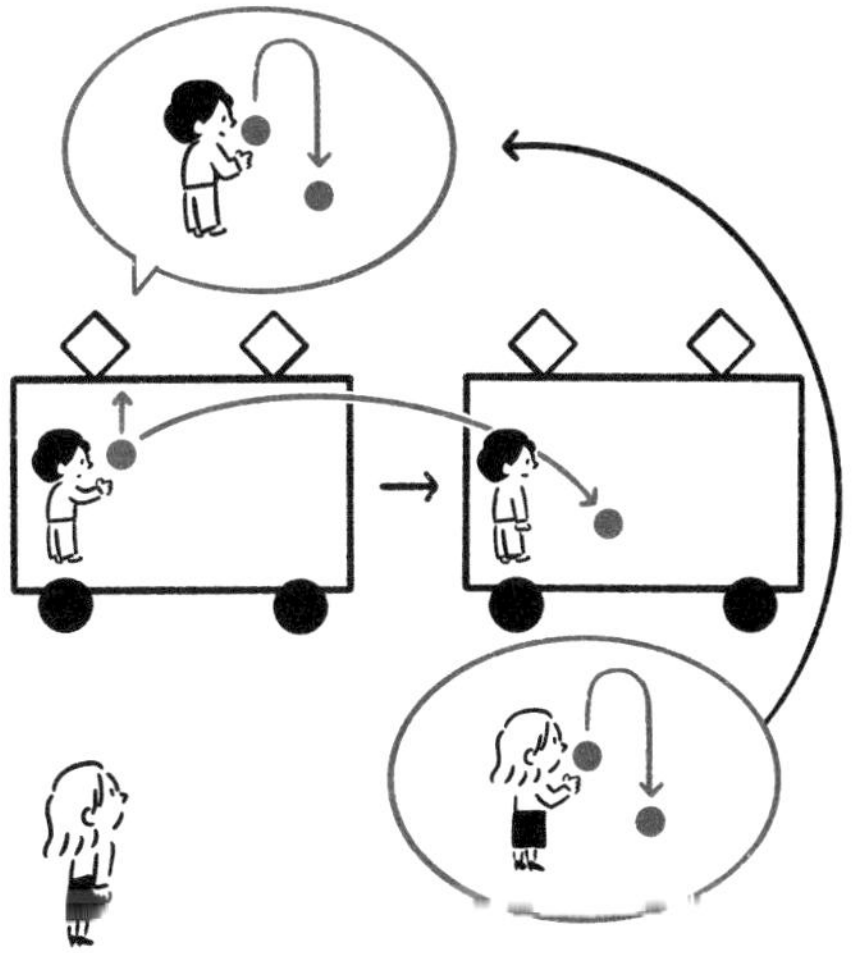

4

光は誰から見ても秒速30万kmで進むという実験結果をそのまま受け入れ、アインシュタインは「光速度不変の原理」を打ち立てた ☞42ページ

5

時間や空間は立場によって変わる相対的なものだ ☞42ページ

アインシュタイン

“相対性理論”の誕生

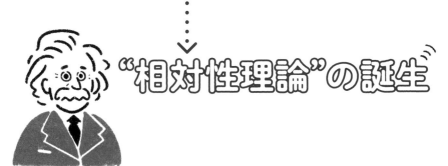

慣性系で成立する
理論だ

特殊相対性理論は 時間と空間に関する 理論だ

特殊相対性理論が
日常生活で実感
しにくいのはなぜ?

☞54ページ

ロケットの中の人の
体重は
増えるのかな？

☞68ページ

ロケットの中の人から
見たら、地上の人が
動いているように見えるね

☞52ページ

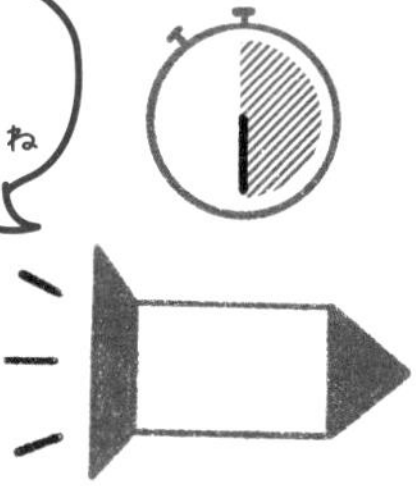

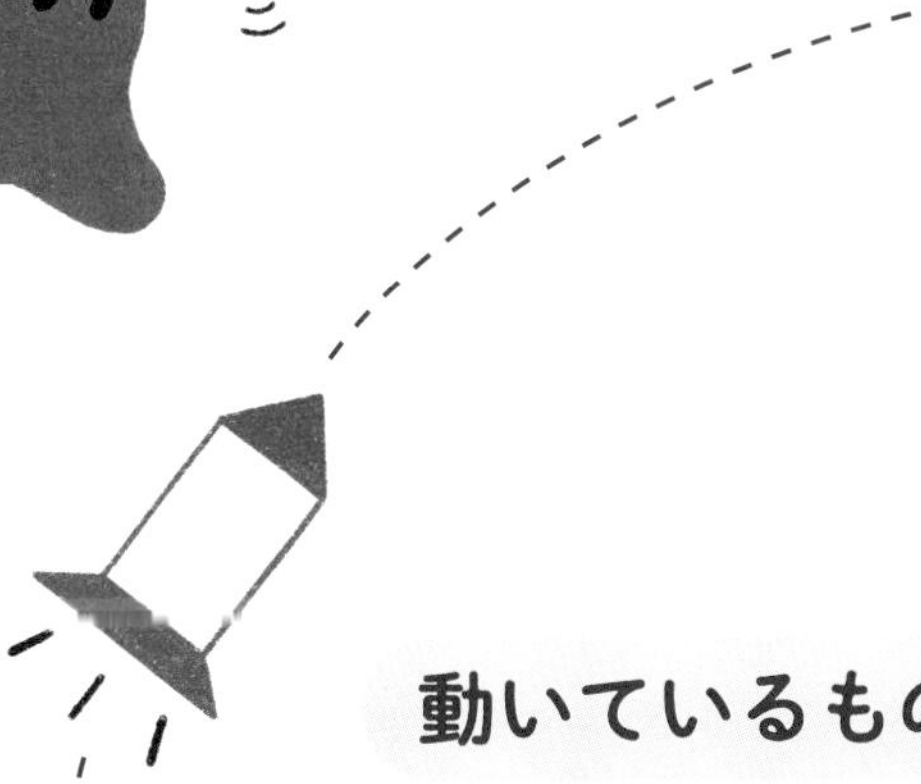

動いているものの時間は遅れる

☞50ページ

動いているものの長さは縮む

☞56ページ

動いているものの質量は増える

☞68ページ

PART 3

重力
慣性力

重力や加速系にも
対応する理論だ

一般相対性理論は
重力と慣性力とを
等価と見なすことで生まれた

地上では光がまっすぐ
進んで見えるのはなぜ?

☞90ページ

HIGHLIGHTS

特殊相対性理論の
時間の遅れと
異なるポイントは
どこだろう？

☞88ページ

重力によって
時間が遅れる

☞88ページ

重力によって
時空が曲がる

☞90ページ

重力によって
光が曲がる

☞92ページ

ニュートン力学の
「重力」とは
何か違うのかな？

☞94ページ

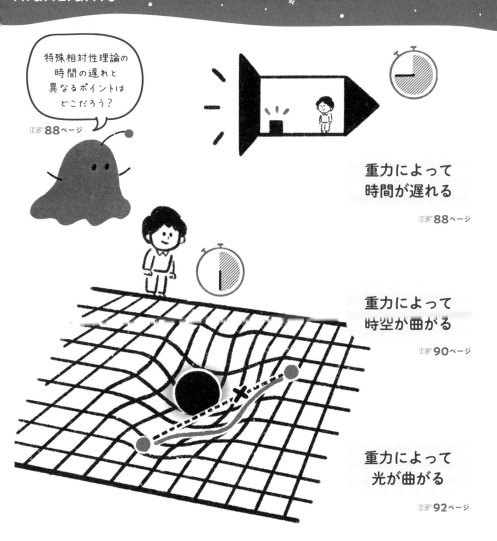

相対性理論は こんなものと 関わっている

日常生活

最先端の物理学

私たちの生活

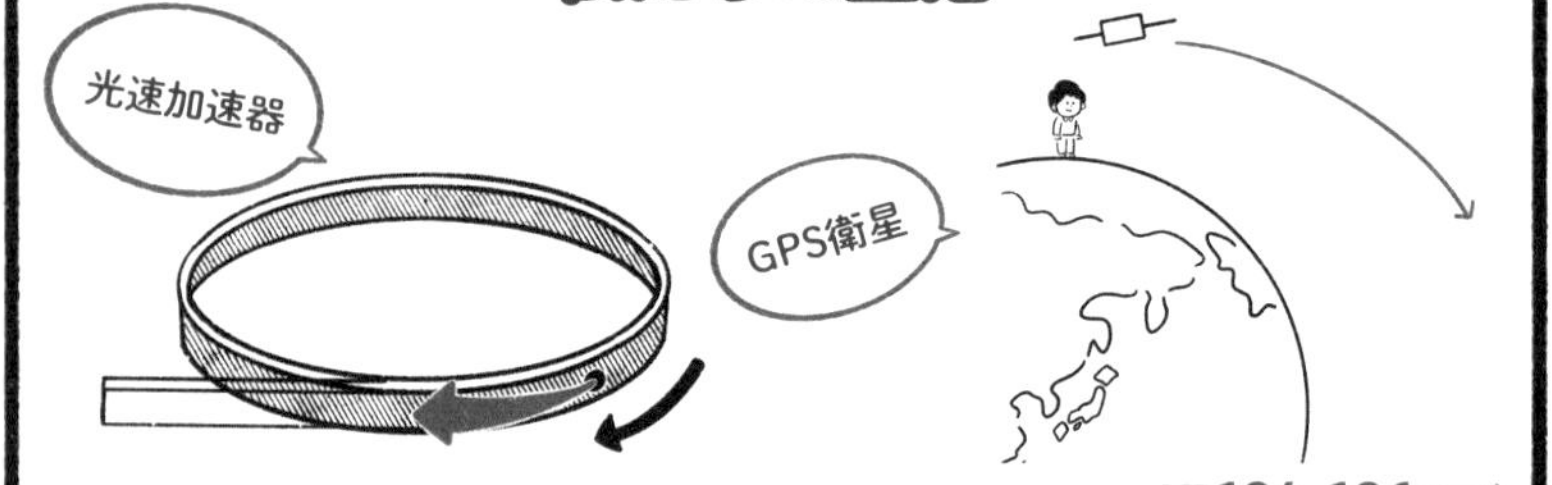
光速加速器
GPS衛星

☞104、106ページ

存在を予言

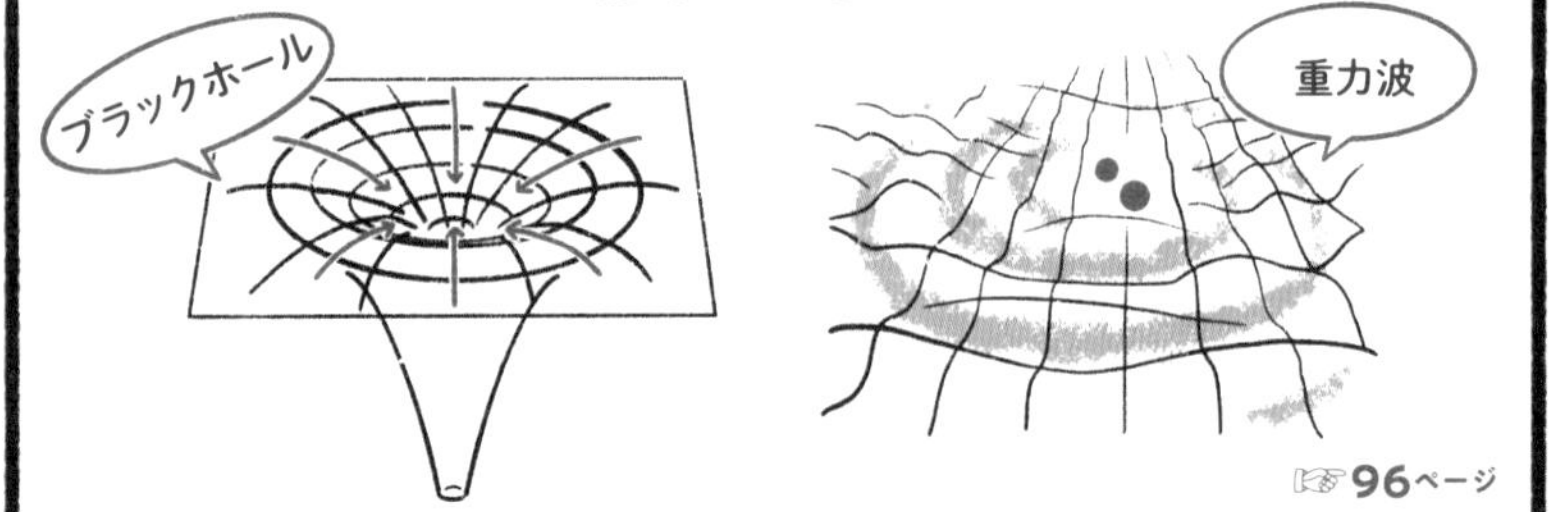
ブラックホール
重力波

☞96ページ

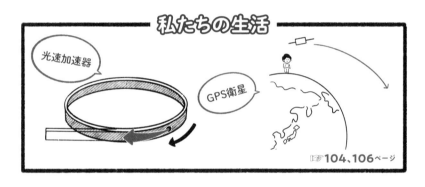

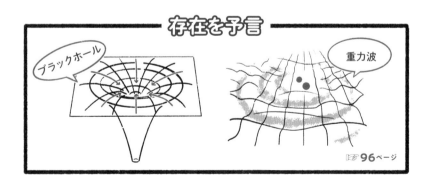

HIGHLIGHTS

タイムトラベル

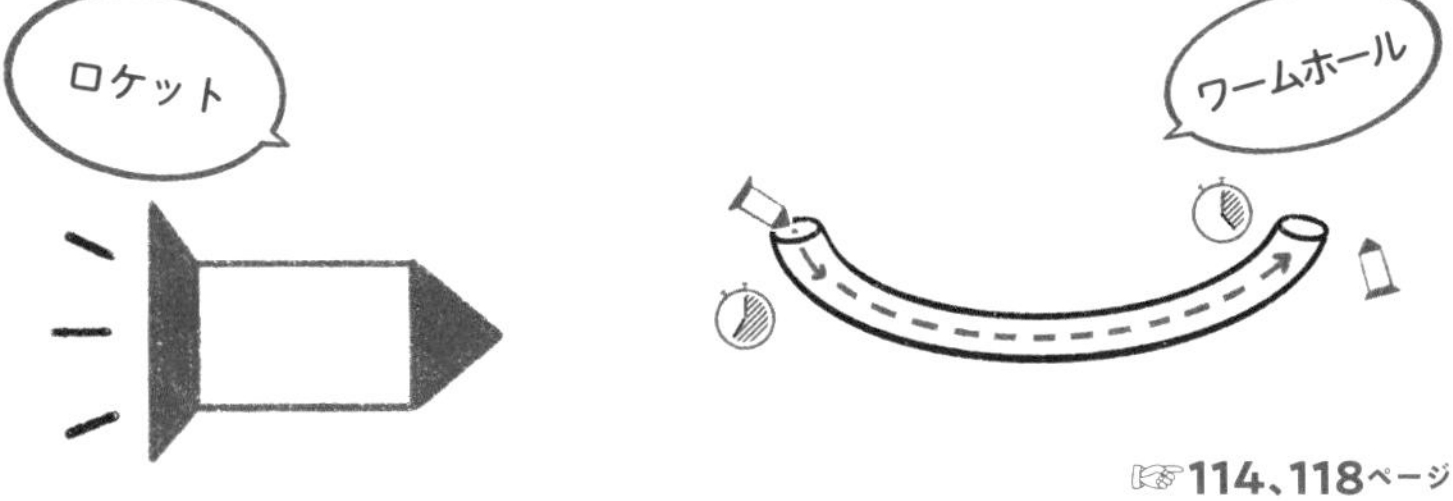
ロケット
ワームホール

☞114、118ページ

宇宙論

ビッグバン

☞112ページ

理論の統一

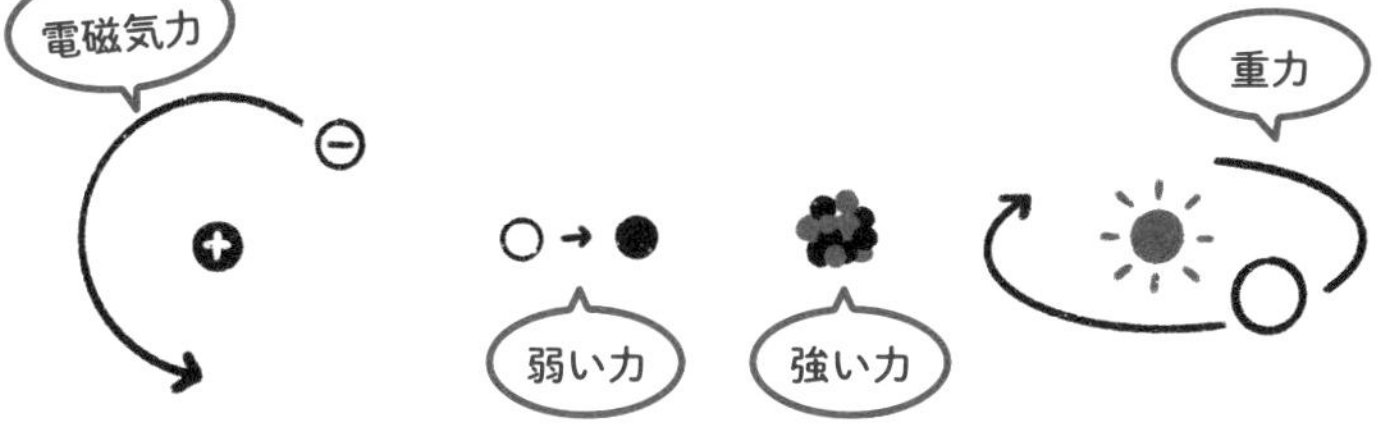
電磁気力
弱い力
強い力
重力

☞120ページ

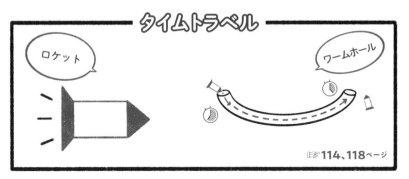

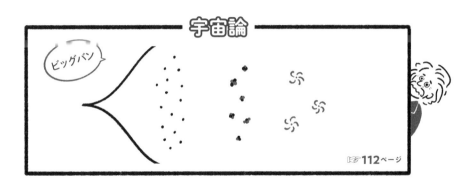

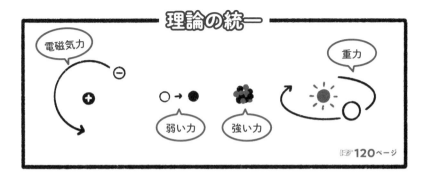

MINI COLUMN

アインシュタインの幼少〜青年期

アルベルト・アインシュタイン（Albert Einstein）は、1879年3月14日、ドイツ南部の都市、ウルムに生まれました。

幼少期のアインシュタインは、周りの子どもより飛び抜けて勉強ができるというわけではなかったようです。むしろ、話すのが人より少し遅かったり、たまに癇癪《かんしゃく》を破裂させたりするような子どもでした。ただ、小さな頃から自然科学への好奇心は強かったようで、さまざまなエピソードが残っています。

アインシュタインが4、5歳の頃、父親からコンパス（方位磁針）をもらいました。いつも同じ方角を指し示すコンパスにすっかり心を奪われ、何時間でも見つめていたと言われています。また、12歳のときにはユークリッド幾何学という数学の本に魅了され、独学で微分・積分を勉強します。興味があるものにはとことん熱中するアインシュタインらしい逸話です。

日本でいうところの中学・高校でも、それほど成績はよくなかったようです。数学や物理などは極めて高い成績だったものの、ラテン語や歴史などいわゆる暗記科目は大の苦手でした。その証拠に、アインシュタインは16歳のときにスイスのチューリッヒ工科大学（ETH）を受験していますが、失敗しています。これは語学や生物などの成績が悪かったためとされています。その一方で、物理と数学の点数は最高評価であったため、スイスのアーラウ州立高校に通うことを条件に、翌年の入学資格を与えられます。このアーラウ州立高校で、アインシュタインはのちに相対性理論の元となる思考実験をしていました。それは「光の速さで飛んでいるとき、鏡に自分の姿は映るのか」というものでした。

チューリッヒ工科大学でも、自分の興味のあることだけを勉強していたので、文系の単位をいくつか落としたり、化学の授業中に爆発事故を起こしたりしました。そのせいもあってか、教授たちからは低い評価を受けていたそうです。アインシュタインは大学を卒業後、研究者になろうとしましたが、それは叶いませんでした。大学を卒業して2年後、彼はスイスのベルンで、特許庁に就職しました。就職後は大学時代から恋仲であった4歳上のミレーヴァと結婚し、しばらくは幸せで充実した生活を送っていたようです。

PART 1

相対性理論以前の物理学を知る

「時間」と「空間」は誰が見るかで変わる

～ 相対性理論を俯瞰してみる ～

絶対的

コップに水が
半分入っている
水が50ml
入っている

相対的

私のコップより
多く入っている
思ったより
多く入っている

相対性理論は、ドイツ生まれの物理学者、**アルベルト・アインシュタイン**（1879－1955）によって提唱された理論です。相対性理論は主に特殊相対性理論と一般相対性理論から成り、それぞれ1905年、1916年に発表されました。

この相対性理論とはどのようなものかを一言でまとめると、「**時間や空間は絶対的なものではなく、立場によって変わる相対的なものだ**」ということになります。相対的とは、例えば同じ物体であっても、Aさんから見れば1mのものが、Bさんから見ると2mである、というような具合にそれぞれの立場によって見え方が変わるということです。

このことは、私たちの直感に反しているように思えます。東京タワーの大きさは、誰が見るかにかかわらず333mのはずだからです。

相対性理論による効果が顕著に現れてくるのは、観測をする人やものが、**光速に近い速さで動いている場合に限られて**います。光の速さは秒速約30万km。この距離は、地球の約7.5周分の長さに相当します。一方、私たちの身近な乗り物の中で最速のジェット機は、秒速約0.3kmほどで、光の速さに比べるととても遅いのです。

そのため、私たちは普段の生活で時間や空間が相対的だと意識することはありません。

「特殊」相対性理論なんて、なんか難しそうですね！

せいと

「特殊」とは、例えば重力の影響がないような特殊な状況下のみで成り立つ、という意味です。特殊相対性理論のエッセンスは、中学校の数学の範囲で十分につかむことができます。

せんせい

人やものが光速に近い速さで動いていないと実感できないなんて、相対性理論はどこで役に立っているのですか？

せいと

例えば宇宙にある天体や物質を構成するミクロな粒子などは、光速に近い速さで動くものがあります。相対性理論がどこで役に立っているかという話は第4章で詳しく紹介しています。

せんせい

ニュートン力学と電磁気学

～ 相対性理論以前の物理学の２本柱 ～

物理界の2大体系

ニュートン
マクスウェル
物体の落下
物体の衝突
ばねなどによる運動
電荷の引力・斥力
電気について
磁力について

アインシュタインが相対性理論を発表する以前の物理学には、「**ニュートン力学**」と「**電磁気学**」という大きな2つの理論体系がありました。

ニュートン力学は、17世紀から18世紀に活躍したイギリスの物理学者、アイザック・ニュートン（1642－1727）によって発見された、運動の法則を基礎として構築された学問です。これにより、**物体の落下の法則や衝突など、さまざまな力学的な現象を説明することができるようになりました**。また、ニュートンは、力学の計算で必要となる微分・積分を自ら考案し、それを物理学に応用するなど、偉大な数学者でもありました。

一方、電磁気学はニュートンと同じイギリス人であるジェームズ・クラーク・マクスウェル（1831－1879）によって1860年頃にまとめられました。彼の功績によって、それまでは**別々のものだと考えられていた電気や磁気、光といった現象を、関連づけて考えることができるようになりました**。

近代以降の物理学は、主にこのニュートン力学と電磁気学を下敷きとして積み上げられてきました。しかし、**光に関係する現象においてはニュートン力学では説明できない場合もあることがだんだんと知られるようになっていきました**。そのためアインシュタインは、光や、それに近い速さで運動する物体のことが十分に説明できるように、相対性理論を作り上げていくことになるのです。

ニュートンやそれを継ぐ学者たちは、ニュートン力学がおかしいとは思っていなかったのでしょうか？

せいと

私たちが普段生活しているような環境においては、ニュートン力学を使うことで運動をほぼ正確に記述することができます。そのため、ほとんどの物理学者はニュートン力学を完成した理論だと考えていたようです。

せんせい

ニュートン力学は間違っていた、ということですか？

せいと

「ニュートン力学は光速に近い物体の運動を正確に扱うことができない」という表現が正しいです。

せんせい

等速直線運動が続くとき慣性の法則が成り立っている

～ ニュートンが導き出した運動に関する法則① ～

慣性の法則

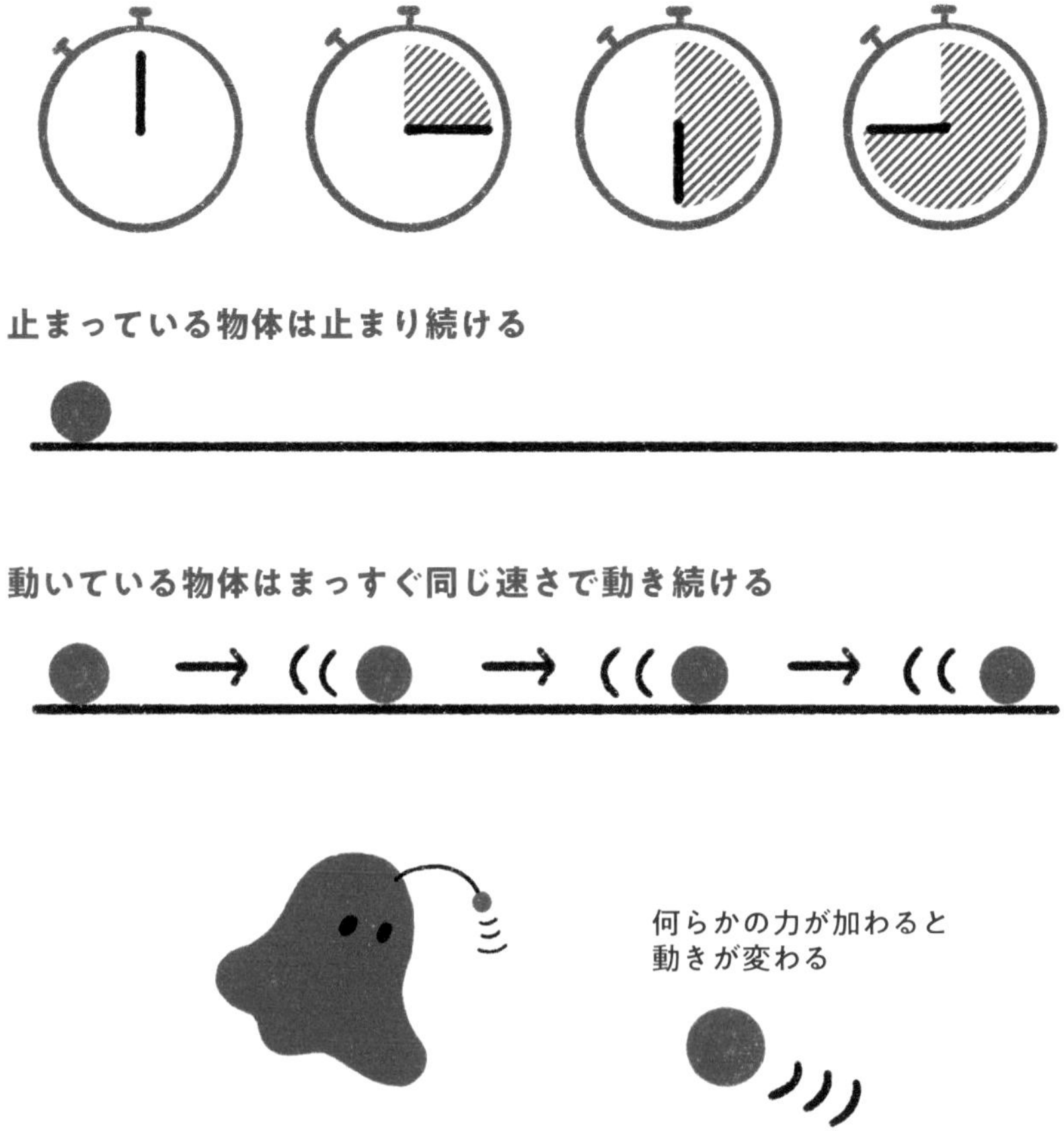
止まっている物体は止まり続ける
動いている物体はまっすぐ同じ速さで動き続ける
何らかの力が加わると
動きが変わる

ニュートン力学を一言で説明するなら、「物体の運動とそれに働く力」の関係を体系化した学問と言えるでしょう。運動とは、時間が経つにつれて、物体が位置を変えることを指します。例えばりんごが木から落ちたり、車が道を走ったりするのも、運動というわけです。

ニュートンは、こうした運動において、3つの法則を導き出しました。それがここで紹介する「慣性の法則」と、次ページ以降で紹介する「運動方程式」「作用・反作用の法則」です。

1つ目の**「慣性の法則」とは、すべての物体は外部からの力が加えられていないとき、静止している物体は静止し続け、運動している物体は等速直線運動を続ける、というものです。**等速直線運動とは、同じ速さでまっすぐ進む運動のことです。この法則は、ガリレオ・ガリレイ(1564-1642)やルネ・デカルト(1596-1650)などによって似た形で提唱されていたものを、ニュートンが整理しました。

例えばビリヤードを例にとると、摩擦や空気抵抗などの力が働かない場合、ビリヤードの球は何もしなければ止まり続け、動いている球は永遠にまっすぐ同じ速さで進んでいきます。逆に、止まっていた球が動き出したり、動いていた球が止まったり曲がったりした場合には、何かしらの力が加わっているわけです。

せいと

「慣性」は言葉ではわかるのですが、イメージが湧きません。

せんせい

慣性とは、物体がその状態を続けようとしているとイメージしてみてください。運動しているものはその運動をし続け、止まっているものは止まり続けます。

せいと

ビリヤードの球はあちこちにぶつかっていずれ止まってしまいます。これはどうしてですか？

せんせい

現実のビリヤードの球は、台の面との摩擦や空気抵抗などの「力」を受けているので、段々と速度が落ちていきます。そのため、実際には等速直線運動ではありません。物理学ではよく「理想的な」という表現をして、摩擦や空気抵抗などの力が働かない場合を考えます。

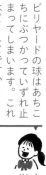

運動方程式で物体の運動の様子を詳細に解析

～ ニュートンが導き出した運動に関する法則② ～

運動方程式

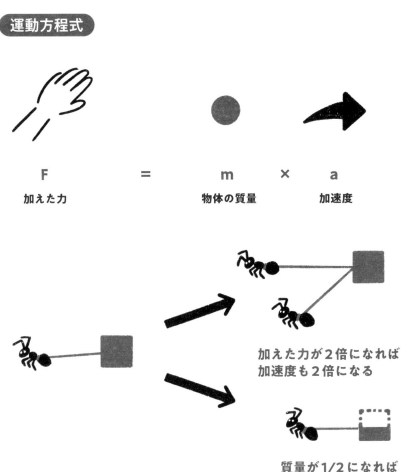

$F = m \times a$

加えた力　＝　物体の質量　×　加速度

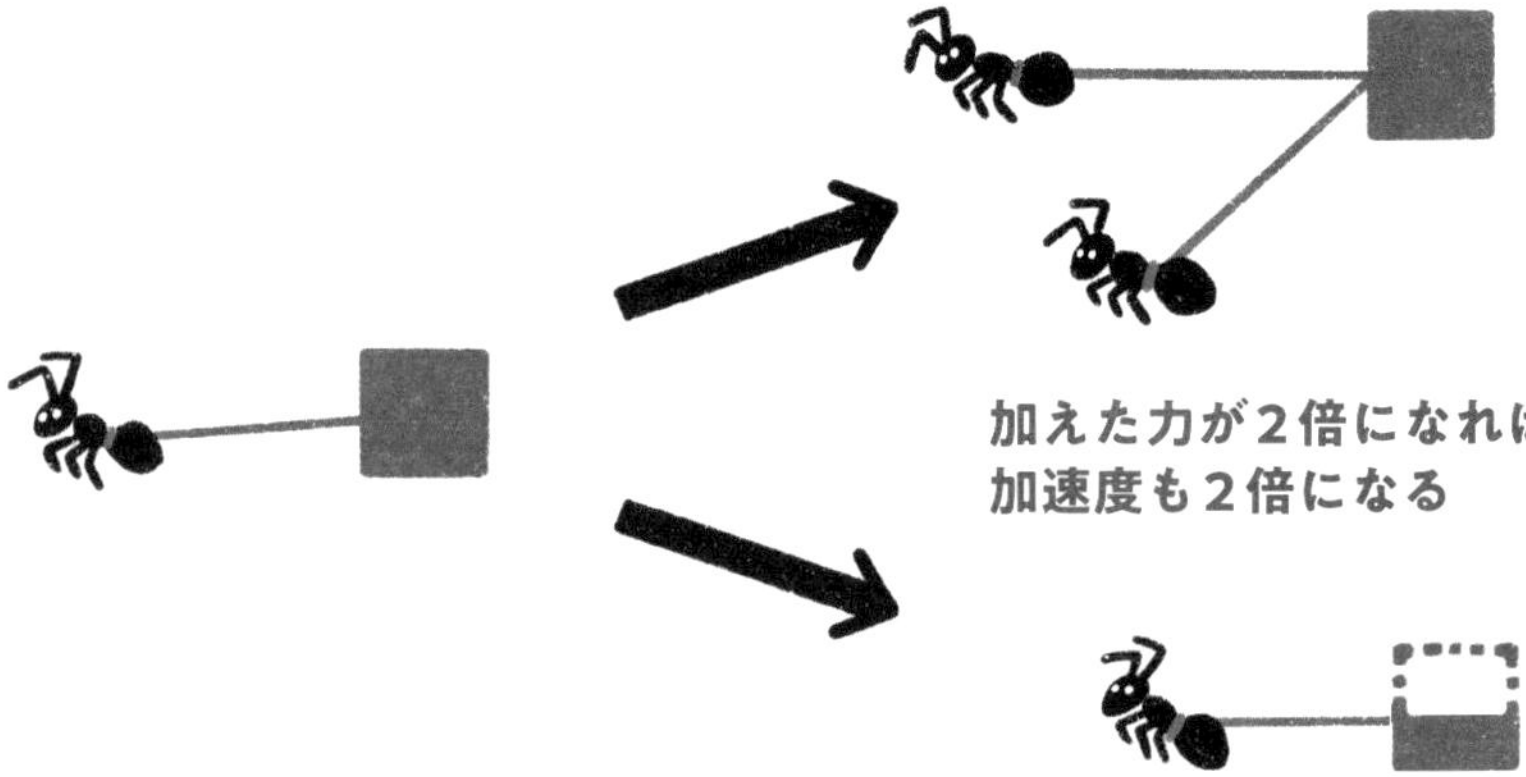
加えた力が2倍になれば
加速度も2倍になる
質量が1/2になれば
加速度は2倍になる

2

つ目の**「運動方程式」は、物体の運動と力の関係を記述した式のことです。加えた力をF、物体の質量をm、加速度をaとすると、F＝maと表されます。**これをニュートンの運動方程式と呼びます。

物理学で用いられる「加速度」とは、速度の変化の具合を表しています。ですから加速度がわかるとそこから速度を求めることができます。速度とは位置の変化の具合なので、速度がわかれば位置を求めることもできます。つまり、この運動方程式を解くことによって、**ある物体に対して加わる力から、物体の位置を推測することができる**ようになるのです。また、この式を数学的に変形していくことによって、さまざまな物理学の基本法則を導き出すことができます。$F=ma$は、ニュートン力学の最も基本的で、かつ重要な式だと言えるでしょう。

この式からは、ある質量mの物体に大きな力を加えると、生じる加速度も大きくなることがわかります。例えば大きなエンジンを積んだロケットのほうが速く加速されるイメージです。言い換えれば、同じ力を加えた場合には、質量の小さな物体のほうが加速されやすく、質量の大きい物質は加速されにくいのです。

この方程式を使って、地球の公転からビリヤードの球の衝突まで、身近な物体の運動の様子を書き表し、それを解析することができるようになりました。物理学は、この運動方程式のおかげで発展したと言っても過言ではありません。

加速度がよくわかりません。

せいと

加速度とは、「速度がどのくらい変化するか」という値です。加速度が大きければ、だんだんと速度が速くなっていきます。逆に加速度が負の値だと、速度がだんだんと遅くなっていきます。

せんせい

質量という言葉は日常であまり耳にしません。重さだと思って大丈夫ですか？

せいと

重さと質量は違うものです。質量とは加速のしにくさを表す値で、宇宙に行っても変わりません。一方、重さとは万有引力によって物体に働く力のことです。わかりやすく言えば、体重50kgの人の質量は地球でも月でも変わりませんが、重さは月に行くと地球の約6分の1になります。

せんせい

加えた力と同じ大きさの力が返る 作用・反作用の法則

〜ニュートンが導き出した運動に関する法則③〜

作用・反作用の法則

**Bさんが押したのと同じ力が
壁から返ってくるので
後ろに進む**

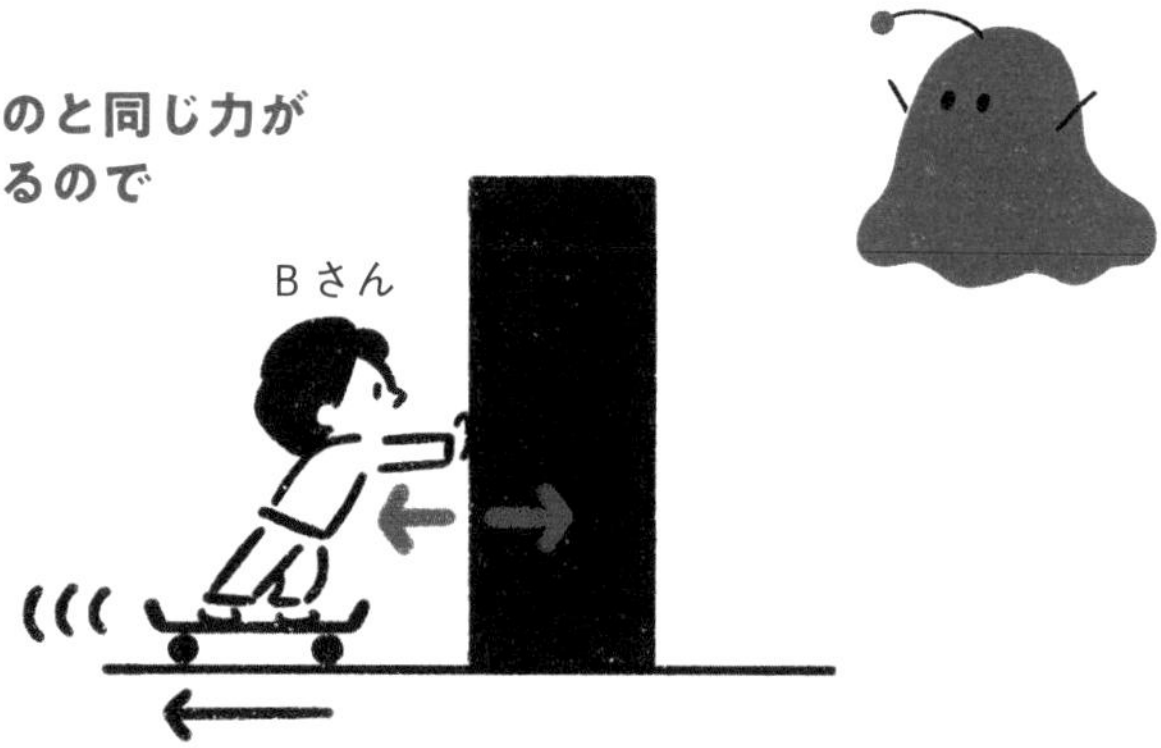

**Bさんが押したのと同じ力が
Aさんから返ってくるので
後ろに進む**

**Bさんに押された力の分、
後ろに進む**

ニュートンが提唱した運動に関する3つ目の法則は、「**作用・反作用の法則**」です。**この法則は、「物体Aが別の物体Bに力を加えるとき、必ずBもAに同じ大きさの力を返している」というものです。**24ページの運動方程式では1つの物体に注目していましたが、作用・反作用の法則は2つの物体に着目して、その物体間で及ぼし合う力を考えています。

例えば、スケートボードに乗っているBさんが建物の壁を押す状況をイメージしてみましょう。Bさんは壁を押していますが、結果として自分が後ろ向きに進んでしまうはずです。これは、Bさんが壁に加えた力(作用)に対して、壁がBさんに返す力(反作用)が働くからです。このとき、壁は固定されているので動きませんが、Bさんは固定されていないので、後ろ向きに進んでしまうのです。

この例のように、作用・反作用で加わる力には「**力の大きさは同じで向きが反対であり、一直線上で働く**」という関係があります。この作用・反作用はどんな力にも存在することが経験的にわかっています。

今度は、スケートボードに乗っているBさんが、同じくスケートボードに乗っているAさんを押してみます。すると、AさんはBさんが押す力によって移動し、反対にBさんは自分の力の反作用によって反対側に進むことになります。このときも、作用・反作用の力の大きさが等しく、逆向きであることがわかると思います。

せんせい

作用・反作用と似たような力に、「力の釣り合い」があります。力の釣り合いとは、1つの物体に同じ大きさの、逆向きの力が働くことを指します。力が釣り合っていると、見かけの力はなくなるので、静止し続けるか、等速直線運動を続けることになります。

せいと

「慣性の法則」のことですね！

せんせい

その通りです。力の釣り合いと作用・反作用の法則の違いは「1つのものに対して」考えているときは力の釣り合い、「力を与えたもの、与えられたものに対して」考えているときは作用・反作用の法則と覚えておきましょう。

誰も疑わなかった「絶対時間」と「絶対空間」

～ニュートン力学の時間と空間のとらえ方～

絶対時間・絶対空間

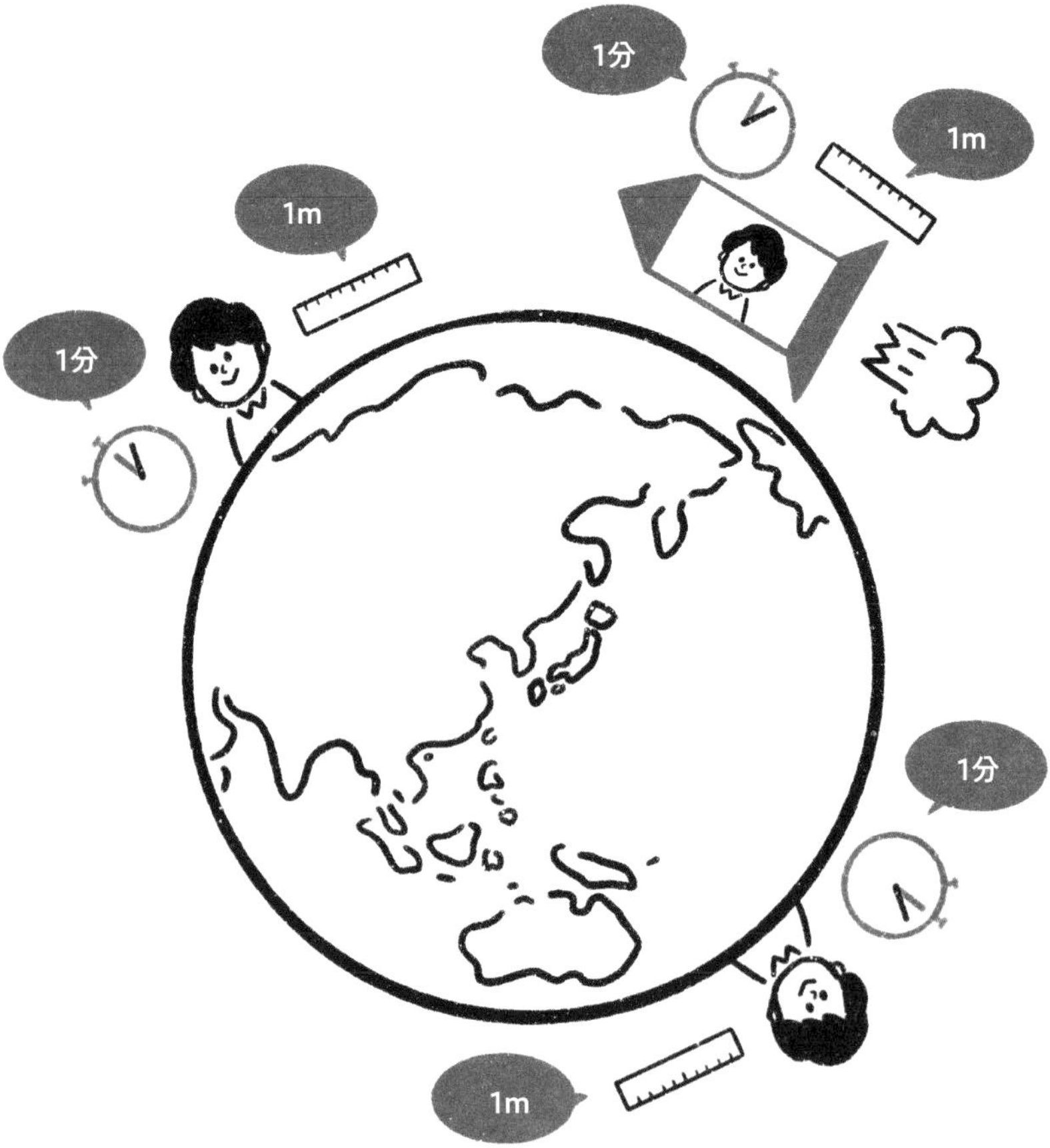

誰から見ても1分という時間や
1mという長さは等しい

ニュートンは自身の著書『自然哲学の数学的諸原理(プリンピキア)』の中で、「**絶対時間**」と「**絶対空間**」という概念を導入しました。

絶対時間とは、簡単に言ってしまえば、宇宙の**どこでも、いつでも時間は同じように流れている**という概念です。例えば1秒という長さの時間は、日本でもアメリカでも、月でも1秒です。また、この1秒という時間の長さは、昨日も今日も、そしてこれからもずっと変わることはないと考えられます。このように、時間はいつでもどこでも一定のペースで進んでいる、という考え方が絶対時間です。

同様に絶対空間とは、**宇宙のどこであれ空間は均等で、無限に広がっている**というものです。日本での1mは、アメリカでも月でも1m、というわけです。

ここでいう「絶対」とは、時間や空間が物体の運動などとは関係なく、独立して存在するというニュアンスを持ちます。ニュートン力学は「物体の運動とそれに働く力」の関係を明らかにした学問です。物体がどの位置にあり、どのような力を受けて運動していようが、1秒は1秒であり、1mは1mだ、というのがニュートンの主張です。こうした考え方は、私たちが持っている感覚とかなり近いのではないかと思います。実際、アインシュタインが相対性理論を唱えるまでは当然のこととして受け入れられてきました。

「空間が均等である」とはどういう意味でしょうか？

せいと

例えば、空間を格子のようなもので区切った場合、均等な空間というものはこの格子がどこまでも同じ間隔で並んでいるようなイメージです。その反対に「均等でない」場合とはどこかでこの格子が密になったり疎になったりしている、と考えるとわかりやすいのではないでしょうか？

せんせい

どうしてニュートンはわざわざ「絶対空間」や「絶対時間」を考えたのでしょうか？

せいと

諸説ありますが、ニュートンは力学の土台となる距離や時間の定義をすることが大切だと考えて、あえてわざわざ当たり前のように思える絶対時間や絶対空間を定義していたようです。

せんせい

光は電磁波の一種で波のように伝わる

～マクスウェルが整理した電磁気に関する法則～

電　気

磁　気

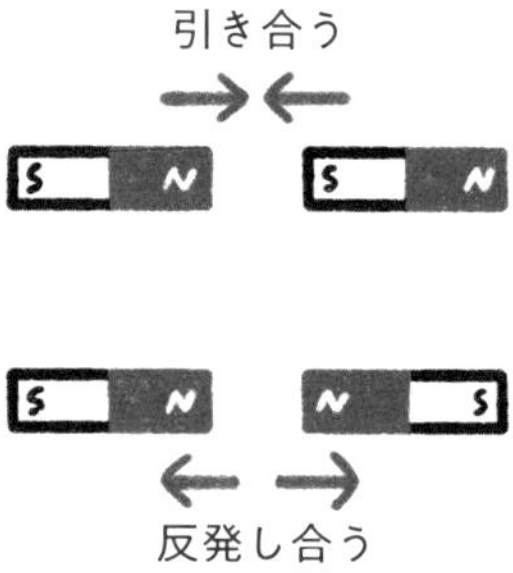

電場と磁場は波のように伝わる＝電磁波

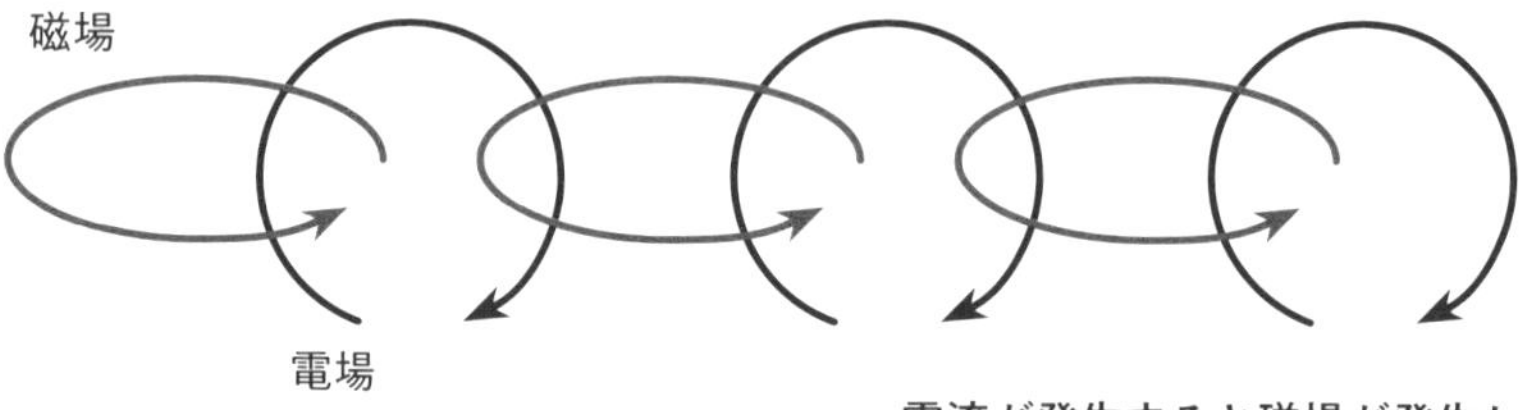

電流が発生すると磁場が発生し、
また電場が発生する

電場と磁場の伝わる速さと光の速さが一致したことから、光が波のように伝わるのではないかと考えられるようになった

ュートン力学が「力と運動」の学問だとすれば、**電磁気学は「電気と磁気」の学問です**。イギリスの物理学者、ジェームズ・クラーク・マクスウェルは1864年にそれまで知られていた電場や磁場の関係をまとめ上げました。これが、現在の電磁気学の基礎になっています。

電気とは、プラスの電荷を持つ陽子やマイナスの電荷を持つ電子の移動や相互作用によって発生するものです。例えば電池を用意して、プラス極とマイナス極を導線などで繋ぐと、電流が発生します。これは電荷を持つ電子が移動することによって発生すると説明されます。

一方で**磁気とは、磁石などがS極やN極を持ち、互いに引きつけ合ったり反発し合ったりする現象を起こすもののことです**。コンパス（方位磁針）の針が常に北を示し、冷蔵庫にマグネットがくっつくのも、この磁気のおかげです。

電気と磁気は、マクスウェル以前は別々のものだと考えられていました。しかし、その後、電流が発生すると磁場が発生し、さらにその磁場によって電場が発生することがわかりました。マクスウェルは、電場と磁場は互いが互いを変化させながら、波のように伝わっていくと考えました。さらに計算したところ、この波の速さは当時知られていた光の速さとほぼ一致したのです。ここから、**光は電場と磁場の波、すなわち電磁波の一種ではないか**と考えられるようになりました。

せいと

電荷とはなんでしょうか？

せんせい

電荷とは、物体が帯びているプラスやマイナスの電気のことです。電気量とも呼ばれたりします。

せいと

電気と電場はどう違うのですか？

せんせい

電気はプラスやマイナスなどの性質のことで、電場はその電気が作る場のことです。同様に、磁石の性質のことを磁気、磁石が周りの空間に与えている性質のことを磁場と呼びます。電場のことを電界、磁場のことを磁界とも言います。

宇宙は光の波を伝える エーテルで満たされている!?

～ 光は何を伝わって進むのか ～

エーテルの存在を認める人・認めない人

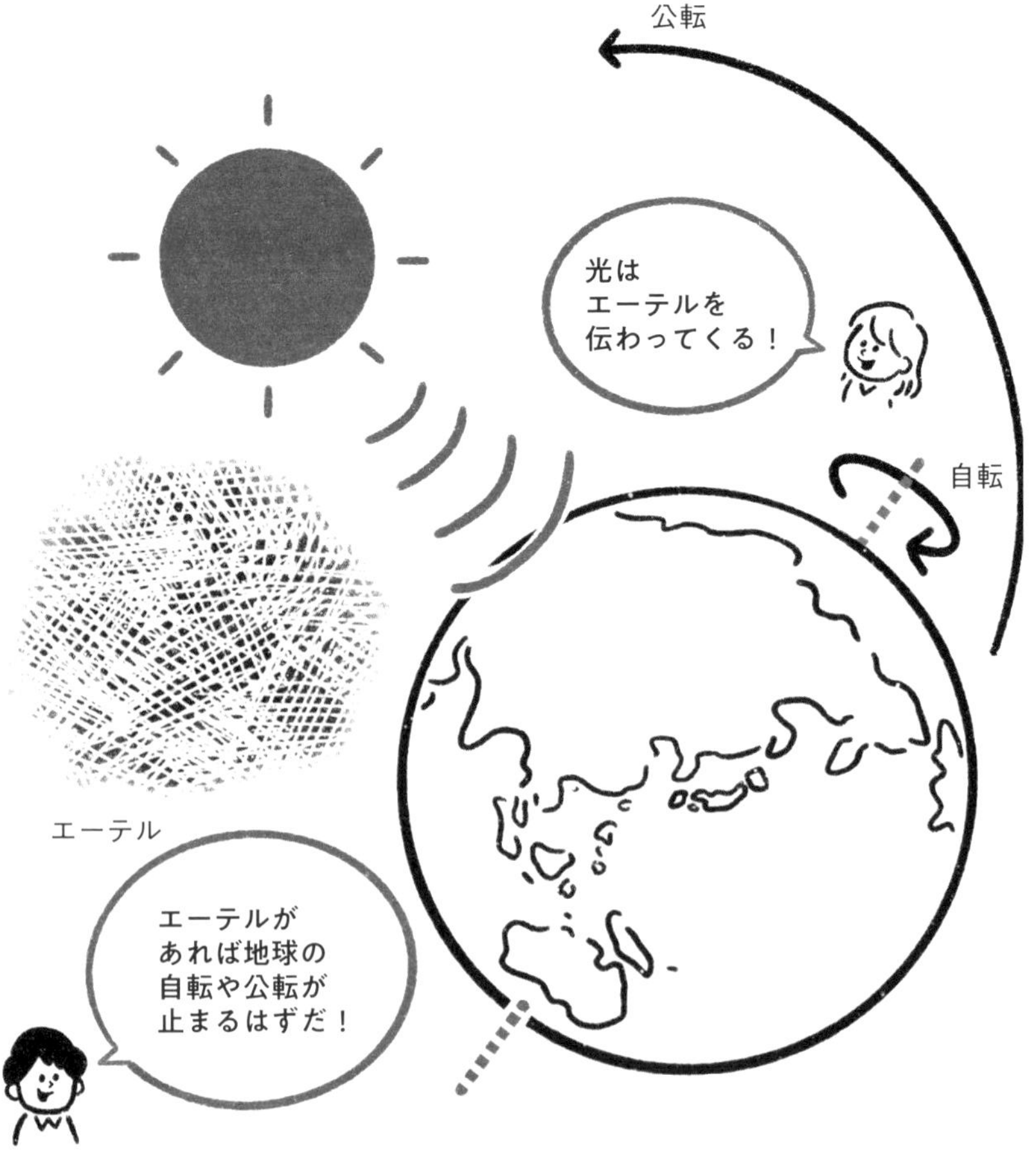
公転
光は
エーテルを
伝わってくる！
自転
エーテル
エーテルが
あれば地球の
自転や公転が
止まるはずだ！

光が波である証拠は、ほかにもありました。それは、**波に特有の現象として知られる「回折」や「干渉」といった現象が起きる**ことです。回折とは、簡単に言えば波が壁などの影に回り込む現象、干渉とは波が部分的に強め合ったり弱め合ったりする現象のことです。

しかし、光が波であるとすれば、別の問題が生じることになりました。ニュートン力学においては、**波にはそれを伝える媒質というものが必要になります。例えば海の波は海水を伝わってゆきます。**また、音も波の一種で、空気を振動させて伝わります。では、もし光が波であるならば、光の媒質はなんでしょうか？その当時、支配的であった考え方は、**光は「エーテル」という、目に見えない未知の物質を伝わってやってくる**という説です。

太陽の光は、宇宙空間を伝わってやってきます。なので、当時、宇宙はエーテルで満たされていると考えられていました。**しかし、もし宇宙がエーテルでいっぱいなら、抵抗を受けて地球の自転や公転は止まってしまいそうなものです。**つまり、もしエーテルが存在したとしても、それは地球に何も影響を及ぼしていない、ということになってしまうのです。

「エーテル」は存在するのか否か、この問いは、次のページで紹介するマイケルソンとモーリーの実験によって確かめられることになります。

せいと：光の媒質は空気ではないのですか？

せんせい：光は空気中を進むことはできますが、空気が媒質であるわけではありません。媒質とは、振動が伝播する物質のことです。例えば音は空気の振動によって伝わります。そのため、宇宙空間では音は聞こえません。一方で、太陽からの光は地球に届くので、光の媒質が空気でないことがわかります。

せいと：光は粒子だという考え方もあったそうですね？

せんせい：はい。光は粒子だとする人も一定数いました。実際に、ミクロの世界で見れば光は光子という粒のようなものと考えることもできます。現在では光は粒子と波の２つの側面を持っていると考えられています。

マイケルソンとモーリーはエーテルの存在を否定した

～光は「媒質を必要としない波」だった～

エーテルの風の影響

エーテルの風の影響で
遅くなる！

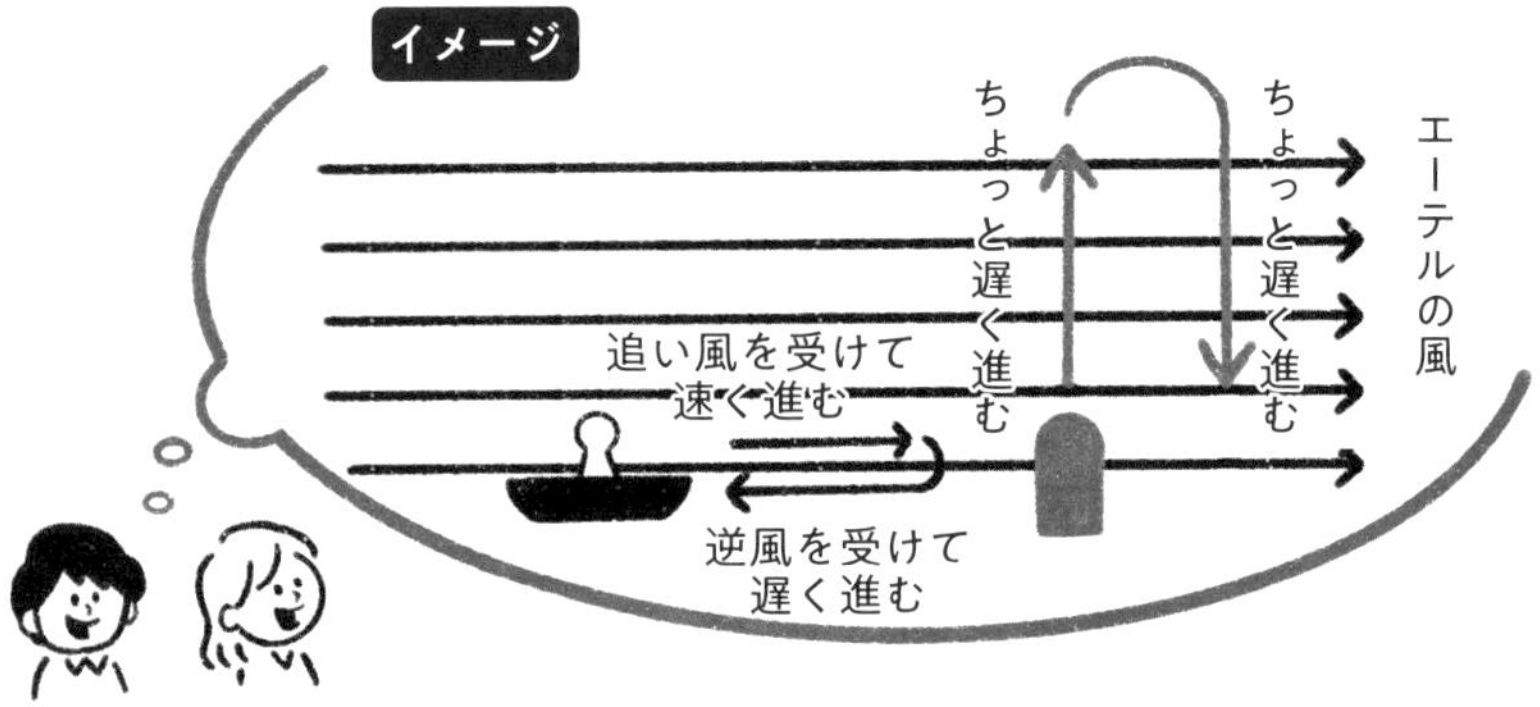
イメージ
ちょっと遅く進む
ちょっと遅く進む
エーテルの風
追い風を受けて
速く進む
逆風を受けて
遅く進む

エーテルの風を横から
受けるか進行方向から
受けるかで、光が到達
する時間が違うはず！

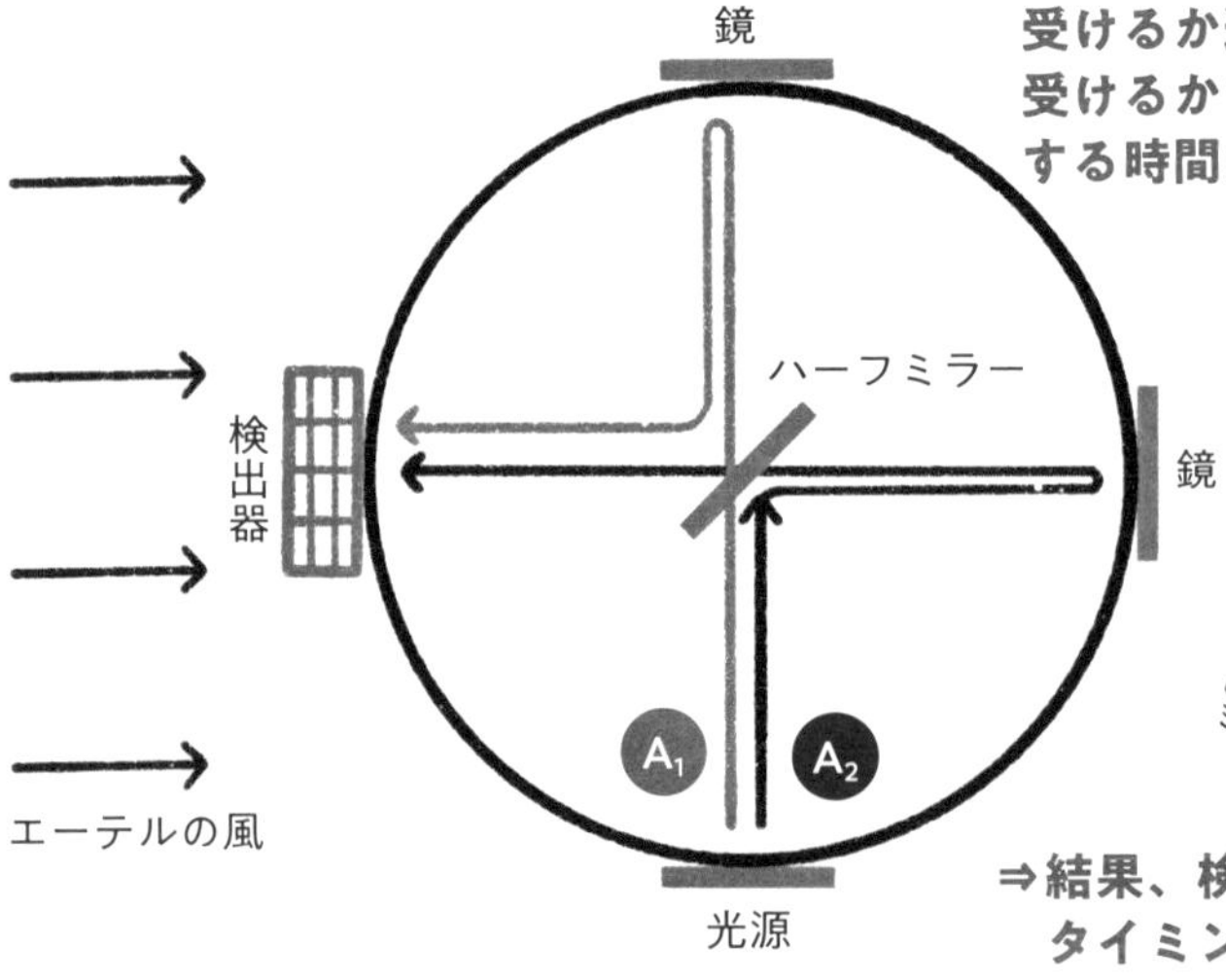
鏡
ハーフミラー
検出器
鏡
A1
A2
エーテルの風
光源

⇒結果、検出される
タイミングは全く
同じであった

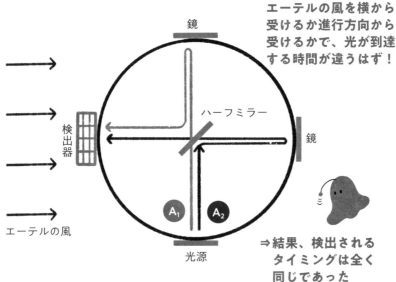

1887年、アメリカの物理学者、マイケルソンとモーリーによって、エーテルが存在するかどうかを確かめる実験が行われました。

地球の自転や公転は、東西方向に回転するような運動です。もし宇宙空間がエーテルで満たされているならば、地球から見ると、東西の方向にものすごい速度で「エーテルの風」が吹いているはずです。**マイケルソンとモーリーは、光がエーテルの風を受けて進むとしたら、その分だけ速度が変化すると考えました。**これは、潮の流れによってボートの速度が遅くなったり速くなったりするのと同じ原理です。

マイケルソンとモーリーは、エーテルの風に垂直な方向と水平な方向で同じ距離の経路を用意しました。光源から出た光は、ハーフミラーで2つの経路にそれぞれ分けられます。ハーフミラーとは半分の光を反射し、もう半分を透過させる特殊な鏡のことです。**もしエーテルが存在するのであれば両者の光の到着する時間にはずれが生じるはず**です。このずれを確認することが、この実験の目的でした。ところが、いくら実験を繰り返したり、**機器を精密にしたりしても、ずれは確認できませんでした。**これによって、**エーテルは存在しないのでは、と考えられるようになりました。**

マイケルソンとモーリーの実験は、単純に精度が悪かっただけではなかったのですか？

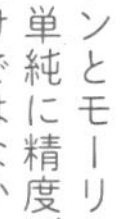

せいと

彼らの実験は、もしエーテルが存在していれば十分に観測することのできる精度で行われており、その精度は100m先を人が歩くと、その振動で実験が成立しなくなるほどだったようです。また、彼らの実験後も科学者たちはより高い精度で実験を行いましたが、結局エーテルの存在は確認できませんでした。

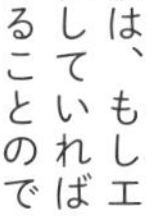

せんせい

結局、光の媒質はなんだったのでしょうか？

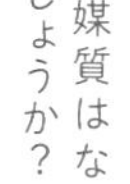

せいと

この実験ののちに、光は媒質を必要としない波であることがわかりました。これは、電場の変化によって磁場が生じ、その磁場の変化によって電場が生じるという電磁波の性質によるものです。

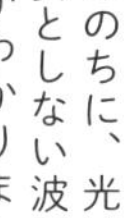

せんせい

エーテルは存在せず 絶対空間も否定された

～アインシュタインによる絶対空間の否定～

絶対空間がある世界

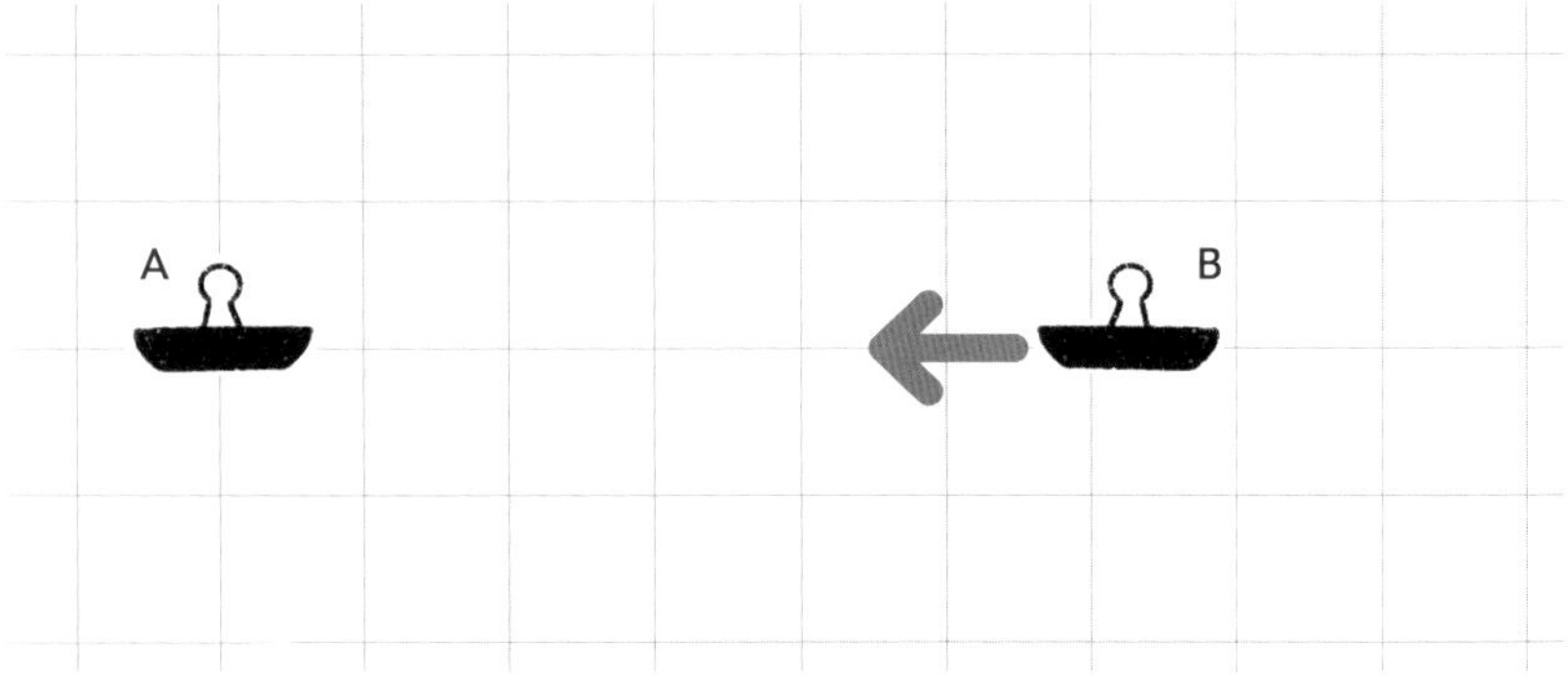

エーテル（海）に対して静止しているAに
Bが近づいているとわかる

絶対空間のない世界

基準がなければ、AがBに近づいているのか
BがAに近づいているのか、わからない！

エーテルが存在しないことで、その当時、常識だと考えられていた**ニュートンの絶対空間の仮定が崩れてしまいました。**

このことをわかりやすく、例を使って考えてみます。今、海の上を進む2隻の船があります。この船がすれ違うとき、どちらが動いているかを考えるには、どうしたらいいでしょうか？　それは、**海に対してどちらが動いているかによって判断する**ことができます。しかし、海という基準がなかったらお互いの船が近づいているということはわかっても、こちらが近づいているのか、相手が近づいてくるのかということはわかりません。つまり、どちらが動いているかということは見かけの上では違いがなくなってしまいます。**エーテルが存在しないということは、この海がない、つまり基準がないということにほかなりません。**

そもそも、ニュートンは宇宙のどこかに完全に静止した基準があると考えていました。その基準をもとにして作られたのが、「絶対空間」です。そして、光を伝えるエーテルは、その基準の有力候補と考えられていました。しかし、エーテルがないとすれば、この絶対空間の存在が疑わしくなります。何に対して静止しているのか、という基準がなくなってしまうからです。

この絶対空間の考え方を捨て去ったのが、アインシュタインです。同時に、アインシュタインはもう1つの基準である「絶対時間」までも否定するに至るのです。

地球が太陽の周りを回っているなら、太陽のいる位置が静止している点なのではないでしょうか？

せいと

私たちのいる太陽も、銀河系の中心を周回していることがわかっています。さらにその銀河系も宇宙空間を動き回っています。すなわち、もし宇宙の中で真に静止している点を見つけようと思ったら宇宙全体を見渡す必要があります。そんなことは不可能ですし、そうする必要もない、としたのが相対性理論のすごいところなのです。

せんせい

動く船の上で投げたボールは船が進んでもちゃんとついてくる

〜 ガリレイの相対性原理 〜

地動説反対派の主張

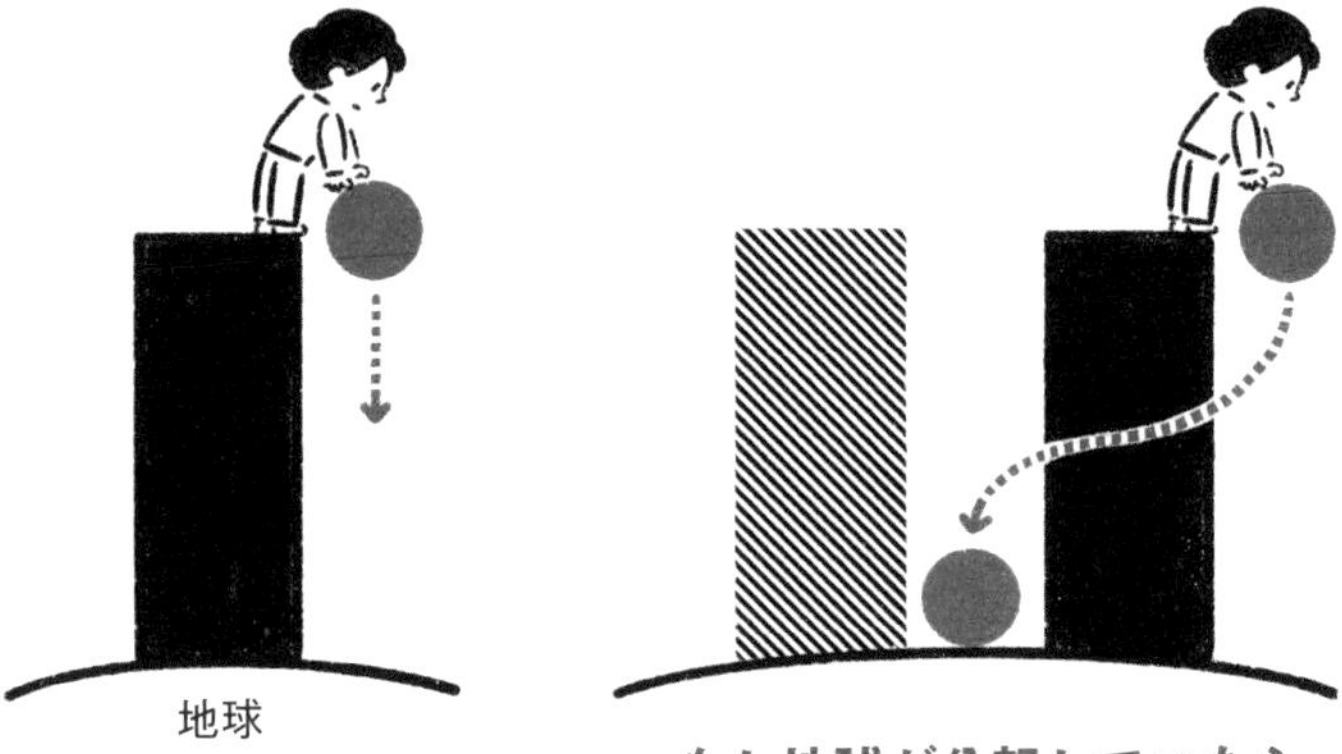

もし地球が公転していたら、
元の位置の真下に落ちるはず

ガリレイの相対性原理

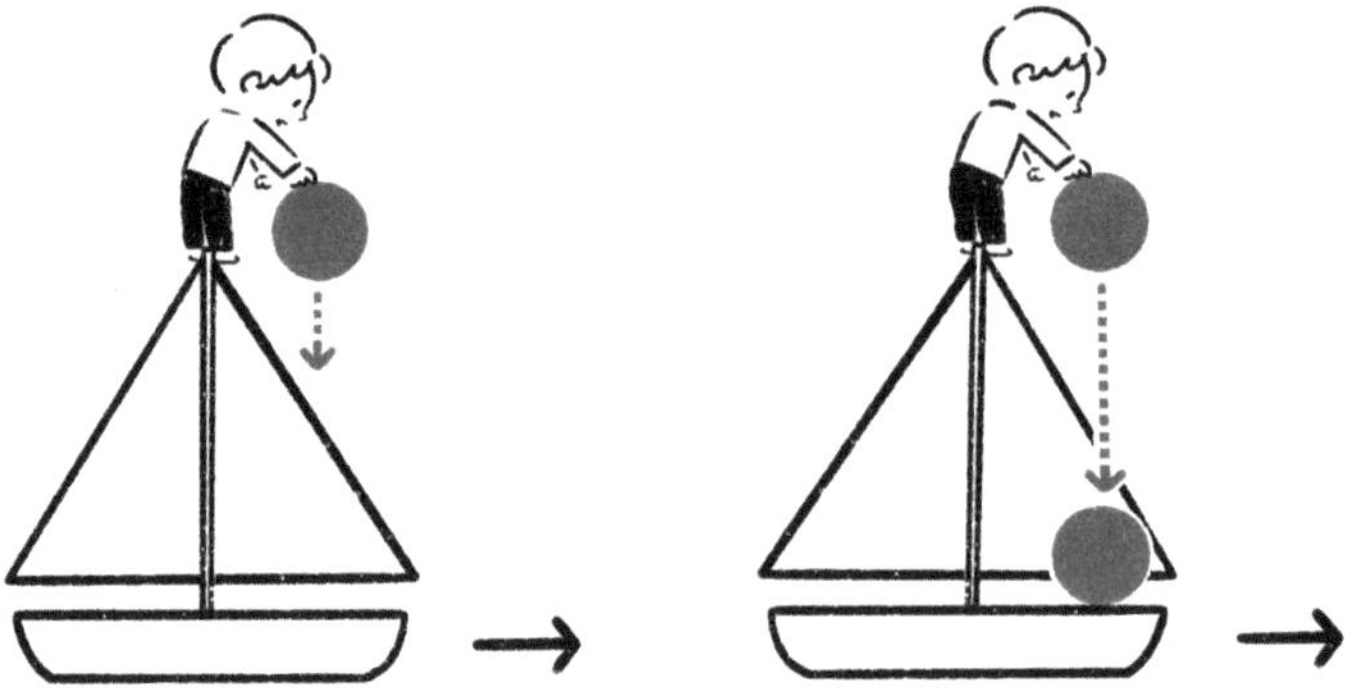

船が一定の速度で動いているとき、
ボールはマストの真下に落ちる

絶対空間という考えを否定したアインシュタインは、代わりにある有名な原理に着目しました。それは、**ガリレイの相対性原理**と呼ばれるものです。まずはこの原理が発見された経緯を簡単に説明します。

その昔、人々の間で天動説が信じられていた時代がありました。天動説とは、「世界の中心に地球があり、あらゆる天体が地球の周りを回っている」、というものです。これに対して、コペルニクスらは「太陽が世界の中心であり、地球は太陽の周りを回っている」という地動説を唱えました。

地動説に反対する意見としては、次のようなものがありました。「もし地球が動いているなら、球を落としたら、球が空中にある間にも地球は動くのだから、球は決して真下に落ちないはずだ」。つまり、地球が動いている場合と止まっている場合とでは明らかに違う現象が起きるはずだと主張したのです。

これに対してガリレオ・ガリレイは「船が止まっていようと動いていようと、マストの上から球を落とせばいつも球はマストの真下に落ちる」という例を挙げてこれを否定しました。

ガリレイは、「静止している場所でも、一定の速度で動いている場所でも、そこで起きる物体の運動には違いが現れない」と考えたのです。これを、「ガリレイの相対性原理」と呼びます。

せいと

相対性原理のどのあたりが「相対性」なのでしょうか？

せんせい

相対性とは、もともと「ほかとの関係の中にある性質」という意味です。ガリレイの相対性原理は、物体の運動とその運動の基準の関係性を明らかにしたものだと言えるでしょう。

せいと

地球は実際にはどのくらいの速さで回っているのでしょうか？

せんせい

自転を考えてみましょう。地球の直径は約１２８００㎞で、地球は１日に約１回転しています。この数値を元に計算すると、赤道付近での自転の速度は時速１７００㎞くらいになります。これは１秒間に４６０m以上進んでいることとなります。

動いていても静止していても同じように物理法則は成り立つ

〜ガリレイとアインシュタインの相対性原理の違い〜

視点別に見るボールの運動

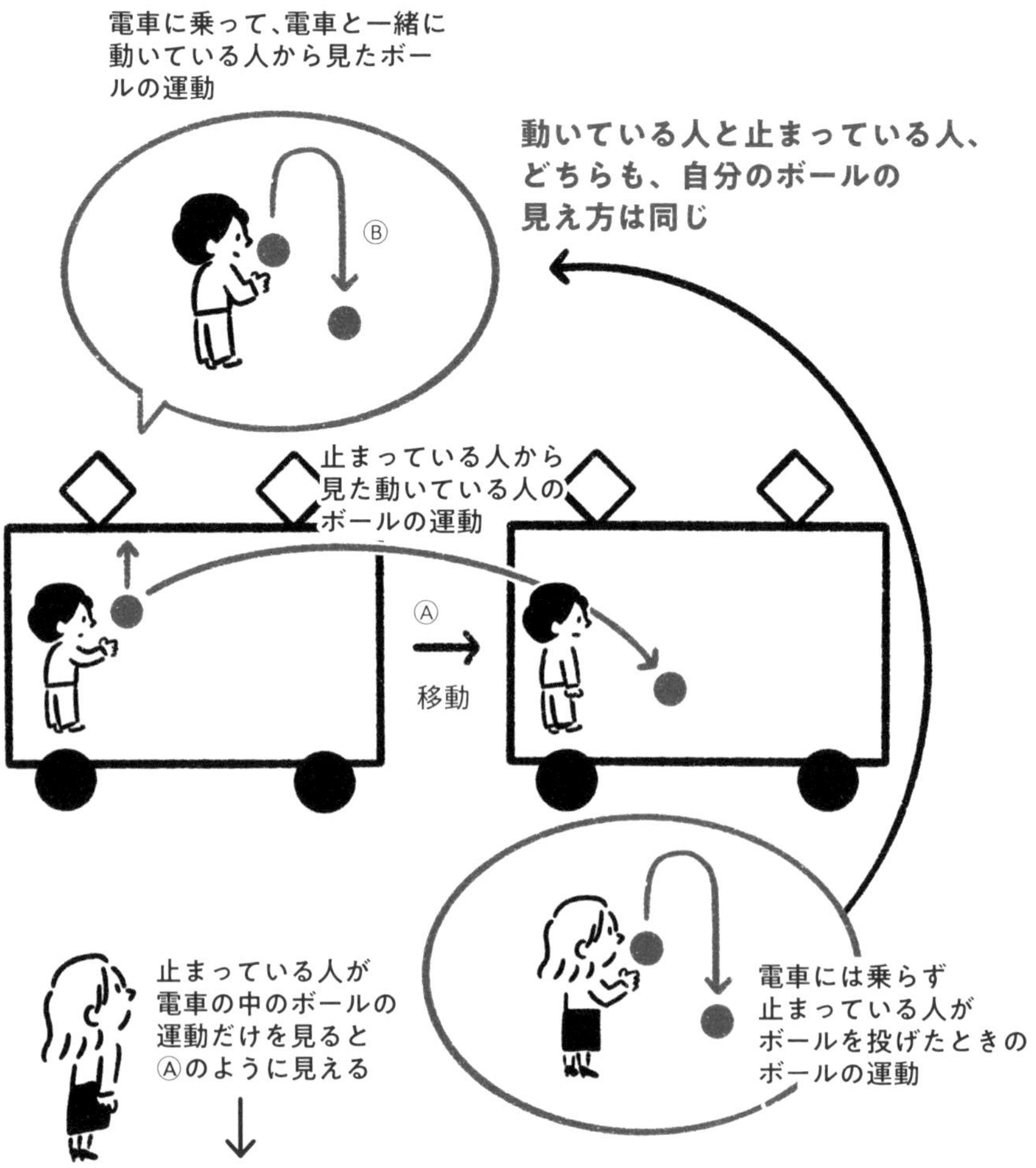
電車に乗って、電車と一緒に動いている人から見たボールの運動
Ⓑ
動いている人と止まっている人、どちらも、自分のボールの見え方は同じ
止まっている人から見た動いている人のボールの運動
Ⓐ
移動
止まっている人が電車の中のボールの運動だけを見るとⒶのように見える
電車には乗らず止まっている人がボールを投げたときのボールの運動

止まっている人から見た電車の中のボールの運動（Ⓐ）と
動いている人から見た電車の中のボールの運動（Ⓑ）は違う

ガリレイの相対性原理は、私たちの日常生活の中でも体験することができます。例えば、一定の速度で走る電車の中で球を真上に投げると手元に落ちてきます。電車の中の人から見れば、それはただの落下運動です。この落下の軌道は、地上で止まっている人がボールを投げたときの軌道とまったく一緒です。

静止しているか、もしくは等速直線運動をしている「系」のことを、慣性系と呼びます。この**「系」とは物理学の用語で、ものや現象の見方の基準のことを表します。言い換えるなら、どのような運動をしている人から見た視点なのか、ということです。**ガリレイの相対性原理をこの「系」という言葉を使って表すと「どの慣性系でも、物体の運動法則は等しく成り立つ」と言うことができます。ここで、加速や減速する「系」(視点)は含まれていないことを覚えておいてください。

アインシュタインは、この相対性原理を物体の運動だけでなく、光や熱を含むすべての物理法則に適用しました。すなわち、**「どの慣性系でも、すべての物理法則は静止した場所と同じように成り立つ」**ということです。**これが、アインシュタインの相対性原理です。**

これはつまり、絶対的に止まっている点を基準にすることなく物理現象を考えることができるようになった、ということでもあります。

せいと

ガリレイの相対性原理を認めると、何が便利なのでしょうか?

せんせい

例えば、エレベータなどの移動しているものの中で物を投げるということについて考えてみます。外の人から見ればエレベータの上下の運動と物を投げる運動が一緒になってややこしいですが、中の人から見れば、ただ物を投げた運動に見えます。この物を投げた運動は、地上の人が物を投げたときと一緒です。このように、それぞれの慣性系で同じ現象として見えるので、より簡単に物理現象をとらえることができるのです。

光速度不変の原理を認めると時間と空間が伸縮するしかない

～ 光速は誰から見ても一定になる ～

ニュートン力学での速度の計算

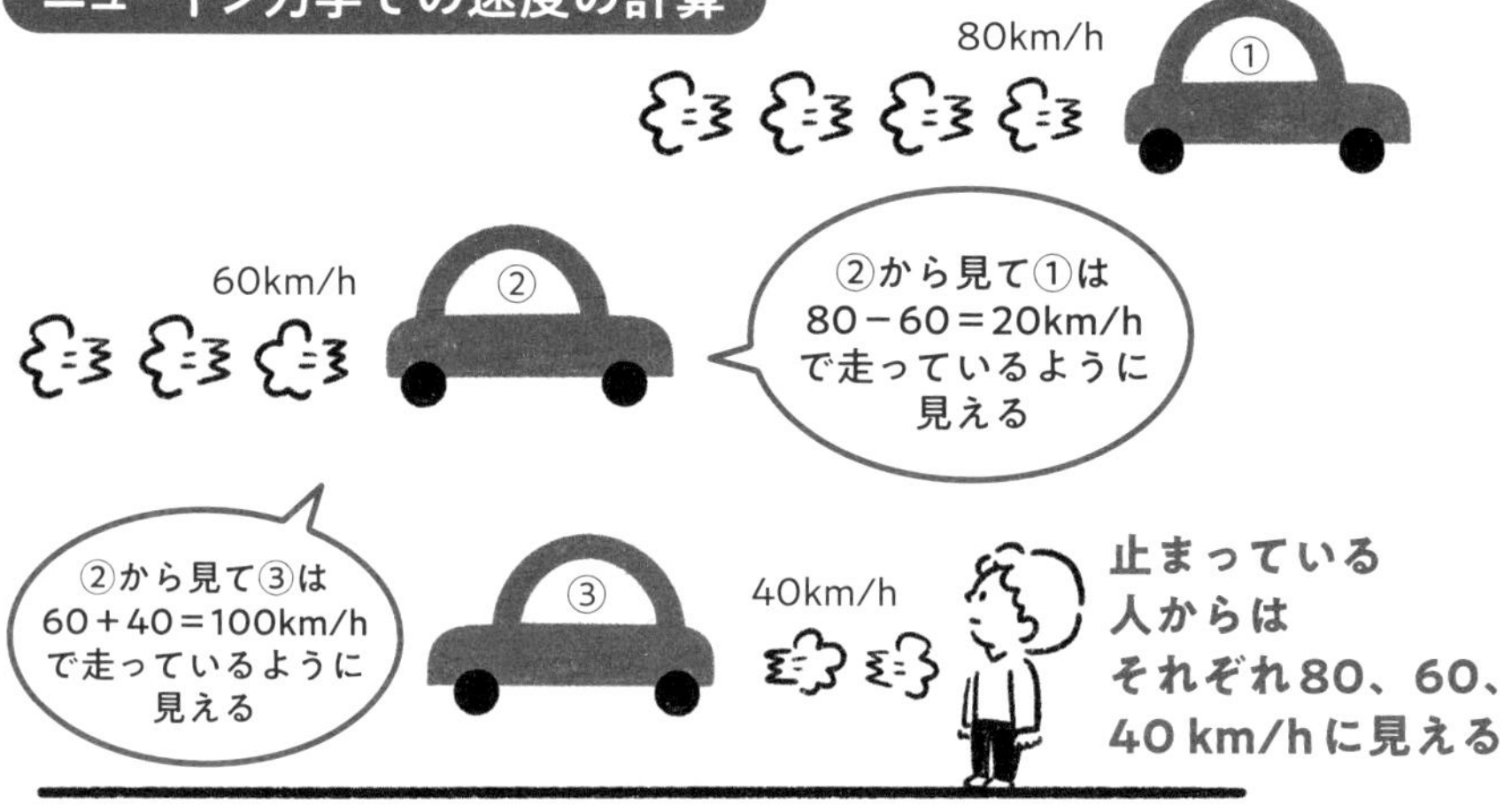
80km/h
①
60km/h
②
②から見て①は
80－60＝20km/h
で走っているように
見える
②から見て③は
60＋40＝100km/h
で走っているように
見える
③
40km/h
止まっている
人からは
それぞれ80、60、
40 km/hに見える

アインシュタインの光速度不変の原理

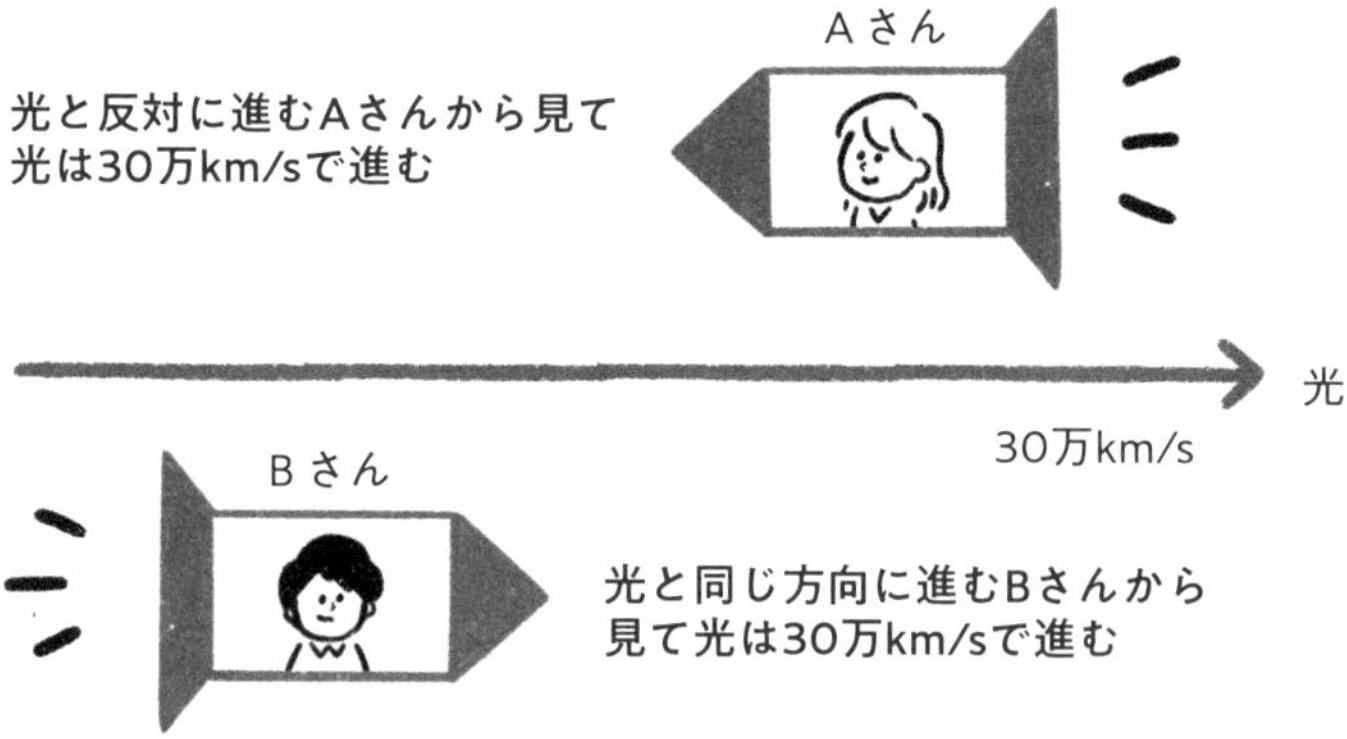
Aさん
光と反対に進むAさんから見て
光は30万km/sで進む
光
30万km/s
Bさん
光と同じ方向に進むBさんから
見て光は30万km/sで進む

車のときと違って
光はどんな状態の誰から見ても
同じ速度で進む

エーテルの存在が信じられていた頃、光は「エーテルに対して」秒速約30万㎞で進むと考えられていました。しかし、基準となるエーテルがないとすれば光は何に対して秒速約30万㎞で進むのでしょうか？

これに対してアインシュタインは、光は何に対しても秒速約30万㎞で進むと考えました。光に対して近づく人から見ても、光から遠ざかる人から見ても、光は常に同じ速度で進んでいるように見えるということです。これは日常の感覚とはかけ離れていて、理解しがたいかもしれません。しかし、現在では光の速度が誰から見ても一定であることはさまざまな実験によって確かめられているのです。

速度は「距離÷時間」で求めることができます。私たちは、日常的に距離や時間が絶対的なものであり、速度は計算の結果として得るものだと思い込んでいます。実際の生活の中では、こう考えてまったく問題ありません。しかし、**事実として相対性理論が示しているのは、実は光の速度だけが絶対的な値であり、距離や時間などの値は、伸びたり縮んだりと相対的に変化するということです。**

「特殊相対性理論」において仮定される重要な原理は、この「光速度不変の原理」と「アインシュタインの相対性原理」だけと言っても過言ではありません。すなわち、この2つの原理を認めると、空間が縮んだり時間が遅れたりといった、不思議な現象を考えていくことができるのです。

せんせい

34ページのマイケルソンとモーリーの実験によってエーテルの存在が否定されたとき、当時の物理学者は既存の物理学の枠組みの中でこの現象をとらえようとしていました。しかしアインシュタインは「光速が不変である」ことをそのまま受け入れ、それを原理にしました。そこから組み立てられた理論が相対性理論なのです。

せいと

「原理」と「理論」の違いはなんでしょうか？

せんせい

「原理」とは、物理学などにおいて、さまざまな現象や状態を成り立たせる根本的な規則のことです。そして「理論」とは、原理から導かれた、知識の体系です。ゆえに原理は理論を必要としませんが、理論は原理を必要とします。

SUMMARY OF PART 1

第 1 章のまとめ

ここで、第1章のまとめです。相対性理論が誕生する以前の物理学には、物体の運動とそれに働く力の関係を扱う「ニュートン力学」と、電気や磁気の関係を扱う「電磁気学」がありました。電磁気学のおかげで光は波であるということがわかりましたが、マイケルソンとモーリーらの実験によって光の媒質だと思われていた「エーテル」という物質は存在しないことも明らかになりました。これによって、ニュートン力学の「絶対空間」という基本的な概念を改める必要が出てきました。アインシュタインは、この「絶対空間」や「絶対時間」という概念を捨て去り、相対性理論を思いつくに至りました。

特殊相対性理論において、重要な原理は2つだけです。1つは、光の速度は誰から見ても、秒速約30万kmで進むということ。これを「光速度不変の原理」と呼びます。相対性理論では、時間が遅れたり空間が縮んだりしますが、これはひとえに「光速度が不変になる」ように時間や空間が変化するように見えるためです。

2つ目はガリレイの相対性原理から着想を得た「アインシュタインの相対性原理」です。これは「どの慣性系でも、すべての物理法則は静止した場所と同じように成り立つ」というものです。慣性系とは静止しているか、等速直線運動をしている系のことです。この原理のおかげで、絶対的な基準を持つことなく、物理法則をそれぞれの系で記述することが可能になるのです。

用語解説①

系
ものや現象の見方の基準のこと。第１章でよく登場した「慣性系」は、静止した状態または同じ速度で一直線上を進む（等速直線運動）状態を基準として見ている。対して加速しながら見る場合は「加速系」になる。

媒質
波を伝える物質のこと。空気中を伝わる音の媒質は空気であり、地震波の媒質は地殻・マントルなどである。光（電磁波）や重力波は空間を媒質として伝わるとされている。

エーテル
19世紀後半まで光の媒質として考えられていた物質。マイケルソンとモーリーの実験によってその存在を否定された。

粒子
小さな粒のような物体。光は、干渉や回折など波動の性質を持つことが知られていたが、その存在を数える最小単位があることがわかり、粒子の性質も持つことが確認された。

万有引力の法則
アイザック・ニュートンの発見した、この世にあるすべての物体は互いに引き合う力「引力」を持っているという法則。その力は物体の質量に比例し、かつ物体相互距離の2乗に反比例する。

ニュートン力学
ニュートンが打ち立てた力学の体系。慣性の法則、運動方程式、作用・反作用の法則は「運動の3法則」として知られている。量子力学や相対性理論に対して、古典力学と呼ばれる。

電磁気学
電気現象、磁気現象に関する法則の体系。元々別の学問であった電気学と磁気学をマクスウェルがまとめあげた。

重力
この章の重力とは、地球が持つ「引力」と地球の自転による「遠心力」を合わせた力のこと。ニュートンが発見した「万有引力」は、物体が互いに引き合う力のことで、厳密には重力とは異なる。ただし、宇宙論などの領域では万有引力と同一のものとして扱われることもある。

質量
物体の加速のしにくさの度合い。場所によって変化しない物体そのものの量のこと。対して、重さとは「物体に働く重力の大きさ」であり、質量とは異なるものである。

MINI COLUMN

アインシュタインと奇跡の年

スイスの特許庁に就職をしたアインシュタインは、午前中は効率的に仕事をこなし、午後は研究をしたり友人たちと物理の議論を交わしたりしていたそうです。この頃のアインシュタインは博士号も持っておらず、いわゆるアマチュアの物理学者でした。しかし、探究心や学問に対する好奇心は人一倍持っていたようです。特許庁へ就職してから5年後となる1905年には世界を驚かせる論文を次々と発表しました。その中でも代表的なものが、「光量子仮説」「ブラウン運動の理論」「特殊相対性理論」です。後年、この年は「奇跡の年」と呼ばれるようになります。

光量子仮説とは、光が「粒子」であることを明らかにした論文です。マクスウェルによって確立された電磁気学によれば、光は波の一種とされていました。しかしアインシュタインは光が波であると同時に「粒子」としても振る舞うことを明らかにしました。この研究は、のちに相対性理論と並び現代物理学を代表する学問体系と称される量子力学として発展を遂げることになります。ブラウン運動の理論とは、分子が存在していることを証明した論文です。水に落ちた花粉から放出された微粒子の動きを顕微鏡で観察すると、ランダムに動くことが知られていて、発見者の名前からブラウン運動と呼ばれていました。アインシュタインはこのブラウン運動の数理的なモデルを打ち立て、この運動が実は微粒子に水分子が衝突して起きているということを突き止めました。これにより、水が水分子の集合体であることが理論的に示されました。

こうした数々の功績が認められてゆき、1908年にはベルン大学の教員になることができました。アインシュタインが29歳の時です。この頃から、アインシュタインは特殊相対性理論の一般化に向けて奮闘します。また、翌年にはチューリッヒ工科大学の助教授に、その3年後には同大学の物理学教授になるなど、アカデミアの世界でその優れた才を認められてゆきます。

学者としては華々しい道を歩み始めたのとは裏腹に、私生活ではうまく行かない時期が続きます。アインシュタインの浮気が原因で妻や子どもたちとは別居状態となってしまいます。離婚の手続きなども泥沼になり、相当のストレスが溜まっていたようです。

PART 2

特殊相対性理論の世界へようこそ

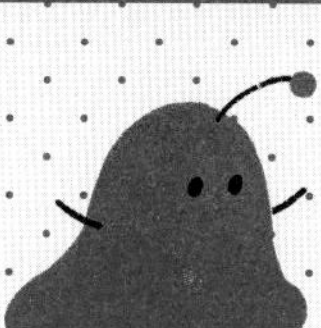

動いているかいないかで光の軌道が違って見える

～動くものの時間は遅れて見える①～

視点別に見る光の軌道

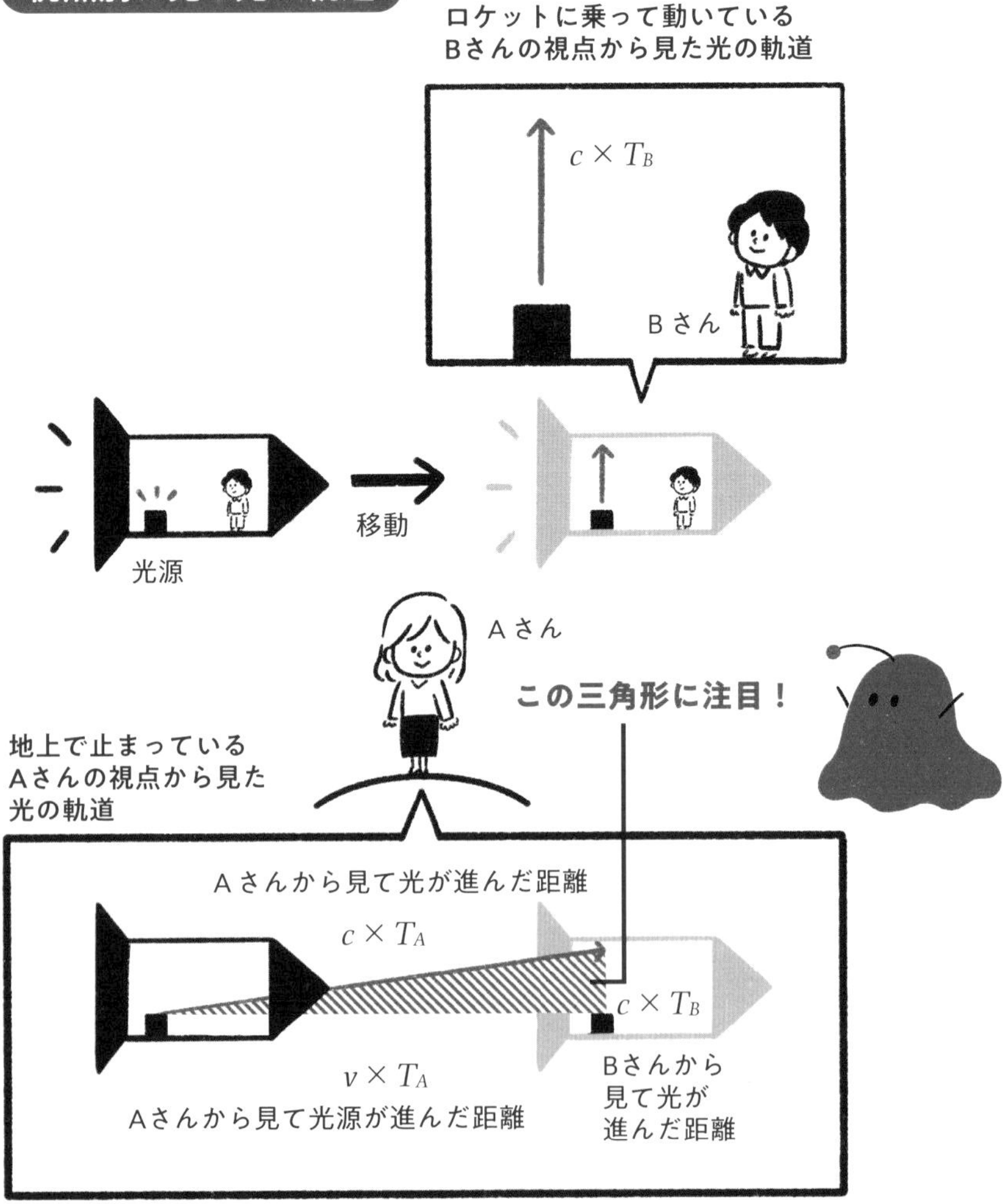
ロケットに乗って動いている
Bさんの視点から見た光の軌道
$c \times T_B$
Bさん
移動
光源
Aさん
この三角形に注目！
地上で止まっている
Aさんの視点から見た
光の軌道
Aさんから見て光が進んだ距離
$c \times T_A$
$c \times T_B$
$v \times T_A$
Aさんから見て光源が進んだ距離
Bさんから
見て光が
進んだ距離

いよいよ特殊相対性理論の説明をしていきます。まず初めに扱うのは、**「動くものの時間は遅れて見える」**という現象についてです。

右図のように、あるロケットにBさんが乗っていて、それを地上からAさんが観測している場面を想像してください。ロケットには下部に光源があり、その光が上部へ行き着くのにちょうどT秒かかる、としましょう。ロケットが光速に近い速度vで動いているとき、光が進んだ「距離」はAさんとBさんからそれぞれどのように見えるでしょうか？

まずは簡単なBさんのほうから考えてみましょう。Bさんはロケットの中にいるので、光は真上に進んで見えます（38〜41ページ参照）。つまり、ロケットと一緒に動くBさんにとっては、光はT秒で真上に届きます。今、AさんとBさんにとっての時間の長さが違う可能性を考えて、この時間をT_Bと表すことにします。ここで、光の速度をcで表すと、光が進んだ距離は（速度）×（時間）で、$c \times T_B$と表すことができます。

では、止まっているAさんから見たら光とロケットの進んだ距離はどのように見えるでしょうか？　まず、ロケットは速度vで進んでいるので、光源が進んだ距離は$v \times T_A$です。また、光の進んだ距離は、赤い線で示してあるように$c \times T_A$となります。次は、ここに見える三角形に注目していきます。

ここで復習をしておきましょう。距離と速さ、時間の関係は式で「距離＝速さ×時間」と表すことができるのでした。

せんせい

時間が遅れて見えるとはどういうことでしょうか？　スローモーションのようになるのですか？

せいと

スローモーションという言葉を使うとすれば、「スローモーションのように見える」という表現が正しいです。後で紹介しますが、時間が遅れて見えるとは、あくまで「静止した系」から「動いている系」を観測した場合に、動いている系の時間が遅れて見えるということです。例えば地上の時計が10秒進んでいるのに、ロケットの中の時計は5秒しか進んでいない、という不思議な現象が起きたりします。

せんせい

Aさんから見ると Bさんの時間が遅れて見える

～動くものの時間は遅れて見える②～

三平方の定理

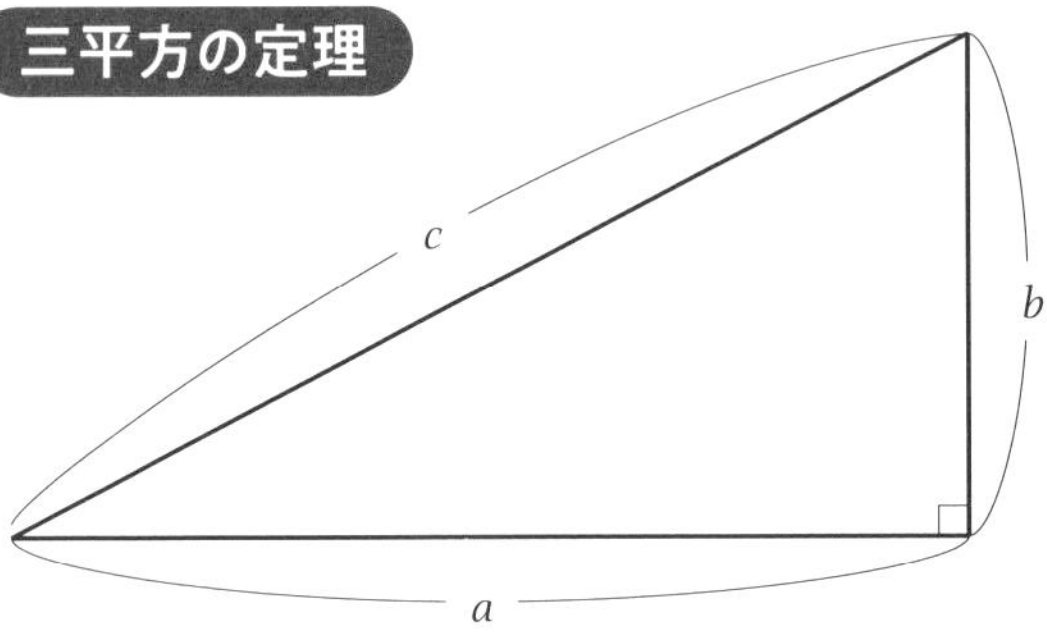

直角三角形において
$$c^2=a^2+b^2$$

48ページの

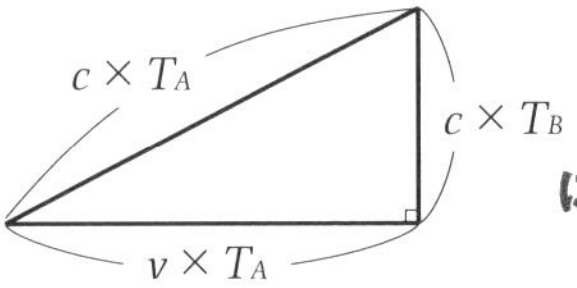

に三平方の定理を当てはめる

（c＝光の速度、v＝ロケットの速度）

$$(c\times T_A)^2=(v\times T_A)^2+(c\times T_B)^2$$

$$(c\times T_A)^2-(v\times T_A)^2=(c\times T_B)^2$$

T_Aでまとめる

$$T_A{}^2(c^2-v^2)=(c\times T_B)^2$$

c^2で両辺を割る

$$T_A{}^2\left(1-\frac{v^2}{c^2}\right)=T_B{}^2$$

√を計算する

$$T_B=T_A\sqrt{1-\left(\frac{v}{c}\right)^2}$$

$v<c$としているので　$0<1-\left(\frac{v}{c}\right)^2<1$

つまり $\sqrt{1-\left(\frac{v}{c}\right)^2}<1$

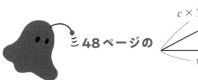

ここで、三角形について成り立つ性質を考えます。それが、「**三平方の定理**」です。三平方の定理とは、直角三角形について成り立つ性質のことで、ピタゴラスの定理とも呼ばれます。その定理とは、「斜辺の長さをc、他の2辺の長さをa、bとすると、$c^2=a^2+b^2$が成り立つ」というものです。この性質を先ほどの三角形に適用してみましょう。

一番長い斜辺の長さが$c\times T_A$、その他の辺の長さがそれぞれ$v\times T_A$、$c\times T_B$でした。三平方の定理より、$(c\times T_A)^2=(v\times T_A)^2+(c\times T_B)^2$が成り立ちます。これを計算して整理すると、結果は右ページのとおり$T_B=T_A\sqrt{1-\left(\frac{v}{c}\right)^2}$となります。

今、vは光速よりも少し小さな値とすると、$\sqrt{1-\left(\frac{v}{c}\right)^2}$は1よりも小さくなります。このことから、$T_B<T_A$が成り立っているのがわかります。$T_A$とは、Aさんが感じるT秒、$T_B$とはBさんが感じるT秒としていたのを思い出してください。T_Bのほうが小さいということは、**つまりはAさんから見て、Bさんの時間があまり進んでいないように見える**、ということです。どれだけ時間の進みが違うかというと、Aさんから見たBさんの時間は$\sqrt{1-\left(\frac{v}{c}\right)^2}$倍に見えます。

せいと

Bさんの時間が遅れているというのはわかりましたが、具体的にどのくらい違うんでしょうか？

せんせい

vを光速の60％と仮定しましょう。このとき、$v=0.6c$と表すことができます。これを50ページの式に代入すると

$T_B=T_A\sqrt{1-\left(\frac{0.6c}{c}\right)^2}=T_A\sqrt{1-0.36}=T_A\sqrt{0.64}=0.8T_A$ となります。

これより、Aさんにとっての1秒は、Bさんにとっての0.8秒だとわかります。これは、Aさんにとって1秒進んだ時間に、まだBさんは0.8秒しか経ってないことを意味しています。

逆に、Bさんから見ると Aさんの時間が遅れて見える

～ 動くものの時間は遅れて見える③ ～

視点別に見る光の軌道

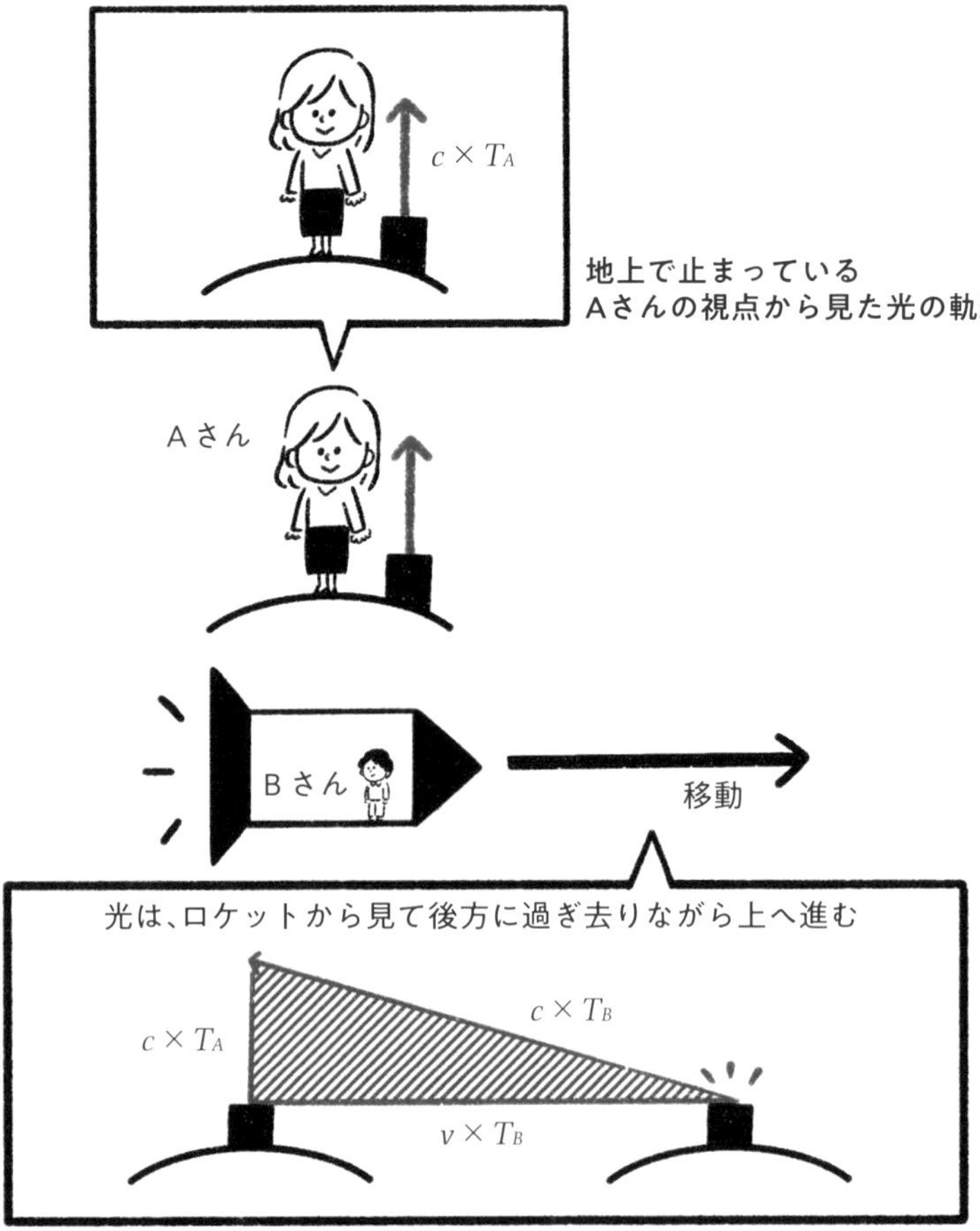

$c \times T_A$
Aさん
Bさん
移動
光は、ロケットから見て後方に過ぎ去りながら上へ進む
$c \times T_A$
$c \times T_B$
$v \times T_B$

地上で止まっている
Aさんの視点から見た光の軌道

ロケットに乗って動いている
Bさんの視点から見た地上の光の軌道

先ほどの三角形と同じような三角形が現れる！

では、次にまったく同じ状況を、Bさんの側から見てみましょう。速度vのロケットに乗るBさんから見ると、地上のAさんが速度vで遠ざかっていくように見えるはずです。電車の外の景色が勢いよく後方へ流れていくのと同じですね。

では、ここでもし、Aさんの足元から光が出たとしたら、どうなるでしょうか？　少し考えると、先ほどと同じような三角形が描けることがわかります。これを計算すると、　$T_A=T_B\sqrt{1-\left(\frac{v}{c}\right)^2}$　となります。先ほどとはT_AとT_Bが逆になっていることに注意してください。つまりこれは、**Bさんの視点から見ると、Aさんの時間が遅れて見える**、ということです。

先ほどは、Bさんの時間が遅れて見え、今度はAさんの時間が遅れて見えました。この理由は、先ほどはAさんから見て、Bさんが速度vで動いていましたが、今回の視点ではBさんから見てAさんが動いているように見えたためです。

相対性理論は、誰から見るか、ということが非常に大切になってきます。今の例では、ある人から見たときに、その人から見て動いている人の時間が遅れて進んでいるように見えます。そのため、**Aさんから見たらBさんの時間が、Bさんから見たらAさんの時間が、それぞれ互いに遅れて見える**のです。

Aさんから見たらBさんの時間が遅れて見えているのに、Bさんから見るとAさんの時間が遅れて見えるというのは矛盾していないのでしょうか？

せいと

相対性理論では、時間は相対的なもの、すなわち見る人によって変わってくる値であるので、この結果は矛盾しません。時間についてさらに詳しい理解をしたい人は、62ページの「同時性の不一致」と合わせて考えてみてください。

せんせい

ではもし、AさんとBさんが光速に近い速さで離れていき、その後再会したらどちらが遅れていることになるのでしょうか？

せいと

その問題については、双子のパラドックス（98ページ）で解説しているので参考にしてみてください。

せんせい

動くものの時間は遅れて見えるが日常生活で体感できない

～ 動くものの時間は遅れて見える④ ～

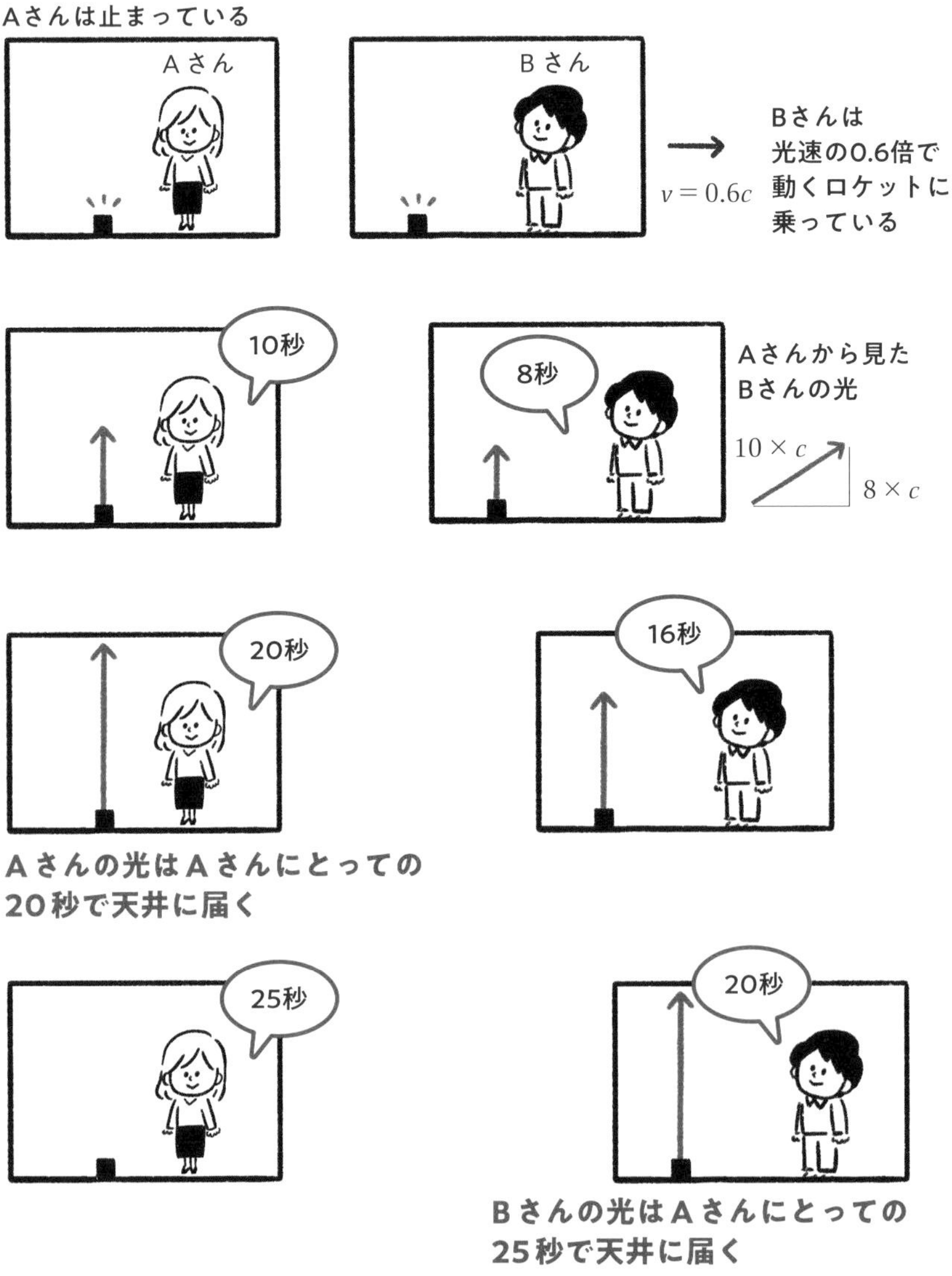

Aさんは止まっている
Aさん
Bさん
$v = 0.6c$
Bさんは
光速の0.6倍で
動くロケットに
乗っている
10秒
8秒
Aさんから見た
Bさんの光
$10 \times c$
$8 \times c$
20秒
16秒
Aさんの光はAさんにとっての
20秒で天井に届く
25秒
20秒
Bさんの光はAさんにとっての
25秒で天井に届く

ここまでをまとめると、**「止まっている人から見て、動くものの時間は遅れて見える」**となります。これが、「時間の遅れ」です。

ここまでに使った仮定は「アインシュタインの相対性原理」と「光速度不変の原理」のみです。あとは中学校で習う三平方の定理を使うだけで特殊相対性理論のキーポイントの1つである時間の遅れを示すことができました。観測する人が誰かによって時間が遅れる、というのは不思議な感じがしますよね。

私たちの日常生活でも、実はこの時間の遅れは起こっています。ですが、それを感じることは残念ながらできません。その理由は、**私たち自身や身の回りのものは、光速よりもずっと遅い速度でしか動いていない**からです。Aさんから見たBさんの時間が $\sqrt{1-\left(\frac{v}{c}\right)^2}$ 倍であったことを思い出してください。v（動くものの速度）が c（光の速度）に比べて非常に小さい場合は、√の中身がほとんど1になります。つまりAさんとBさんの時間はほとんど同じになってしまうのです。

私たちの身近にある、最も速い乗り物は旅客機ですが、その旅客機でさえ秒速0・25㎞ほどです。光は秒速30万㎞なので、時間の遅れは1秒あたり、10兆分の3秒ほどしかないのです。そのため、日常では時間の遅れや相対性といったことを意識しなくても生活していくことができる、というわけです。

光速で進むものの時間は遅れるんですよね？だったら、光速に近いロケットで遠くの星に行くことができれば、短い時間で遠くに行くことができる、ということでしょうか？

せいと

その場合も、誰にとっての時間か、ということが大切です。あなたの乗ったロケットが光速の半分の速度で地球から10光年（光の速度で10年かかる距離）離れた星に行くことを考えます。このとき、地球から見ている私にとっては20年かかったように見えますが、あなたにとっては17年とちょっとで辿り着いたように感じます。

せんせい

視点を固定すると外の景色が縮んで見える

～動いているものの長さは縮んで見える① ～

視点別に見る棒の長さ

ロケットに乗って動いている
Bさんの視点から見た棒の先端

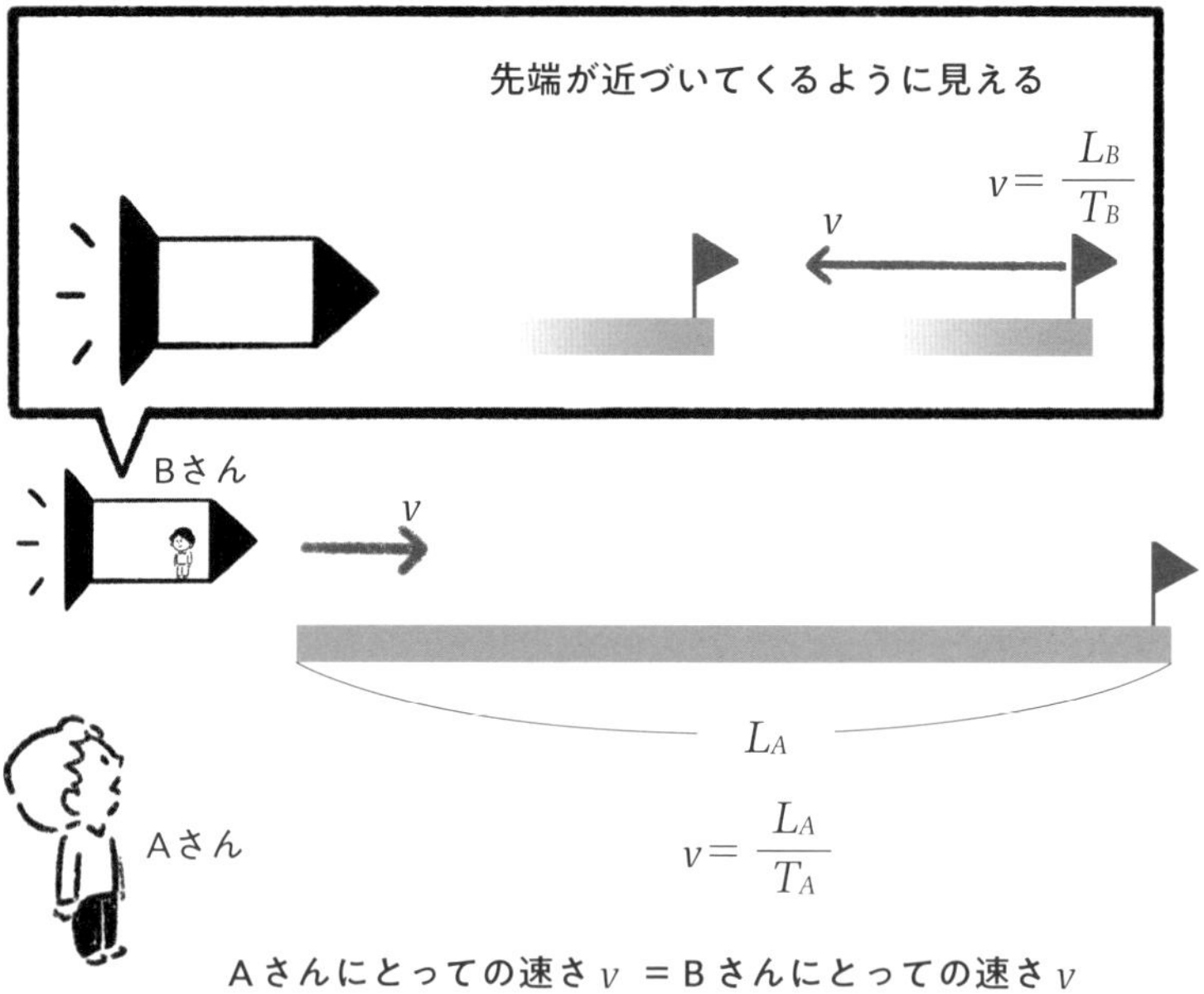
先端が近づいてくるように見える
$v = \frac{L_B}{T_B}$
v
Bさん
v
L_A
Aさん
$v = \frac{L_A}{T_A}$

Aさんにとっての速さ v ＝Bさんにとっての速さ v

$$\frac{L_A}{T_A} = \frac{L_B}{T_B}$$

$$L_B = \frac{T_B}{T_A} L_A$$

$$T_B = T_A \sqrt{1 - \left(\frac{v}{c}\right)^2}$$

を代入

$$= L_A \sqrt{1 - \left(\frac{v}{c}\right)^2}$$

1より小さい

$L_B < L_A$ となる

時間は「動いているものの時間が遅れて」見えますが、空間は「**動いているものの長さが進行方向に縮んで見える**」ことが知られています。

今、光速に近い速さvでロケットに乗ったBさんが移動しているとします。Bさんの進路には、長さLの棒があり、これをAさんから見ることを考えます。56ページの図のようにAさんから見た棒の長さをL_Aとしたとき、棒の先端に着くまでの時間はT_A、Bさんの速さvは、$v=\frac{L_A}{T_A}$で表すことができます。

では今度はこれをBさんの視点に立って見てみましょう。**Bさんから見ると、棒の先端が速さvでこちらに向かってくるはずです**。このとき、このvがAさんから見たvと等しいことに注意してください。Bさんから見た棒の長さL_Bと棒の先端に着くまでの時間をT_Bとすると、今度は$v=\frac{L_B}{T_B}$が成り立ちます。ここで、どちらのvも同じであることから、2つの式を=で結び、さらに50ページの$T_B=T_A\sqrt{1-\left(\frac{v}{c}\right)^2}$を代入すると、$L_B=L_A\sqrt{1-\left(\frac{v}{c}\right)^2}$となります。

この式より$L_B<L_A$、つまり**Bさんが見ている棒の長さのほうが、Aさんが見ている棒の長さよりも縮んで見えている**のです。

せいと

Bさんから見たら周りの空間が縮んで見える理由がわかりません。

せんせい

電車に乗っているときに窓の外を見ると、景色がものすごい速さで通り過ぎていきます。これは、外の景色が動いているのと同じことと考えられるので、縮んで見えるのです。

せいと

物体が縮む、とはどういうことでしょうか？ぎゅっと詰まって見えるのでしょうか？

せんせい

静止した状態の人から見れば、動いている人やものは進行方向にぎゅっと縮んで見えます。ただ、空間の場合も、時間の場合と同じくあくまで「縮んで見える」というだけです。Bさんにとって自分やロケットは、動いていない場合と同じ状態のように見えます。

時間も空間も伸び縮みするが光速だけは絶対不変

～動いているものの長さは縮んで見える② ～

ニュートン力学における「速さ」

$$\text{速さ} = \frac{\text{距離}}{\text{時間}}$$

← 誰から見ても同じ値

→ 速さとは絶対的な距離や時間から計算される二次的な量である

特殊相対性理論における「光速」

$$\text{光速} = \frac{\text{距離}}{\text{時間}}$$

← 見る立場によって異なる

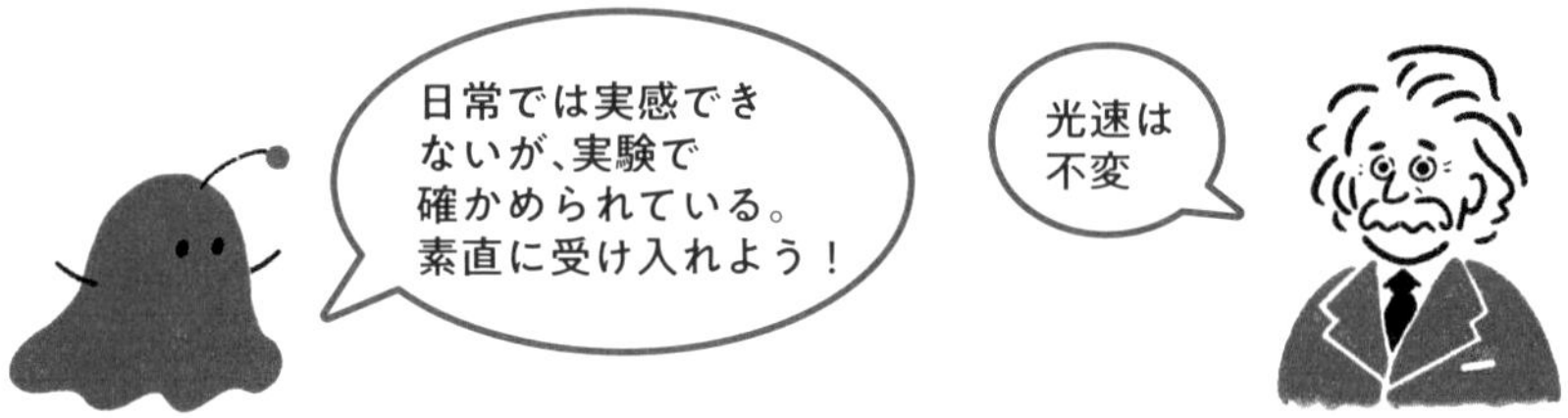
日常では実感できないが、実験で確かめられている。素直に受け入れよう！
光速は不変

56ページの止まっているAさんから見ると光速に近い速さで動くBさんは縮んで見える

速く動くものの時間は遅れる
光の速度は不変なので距離が縮んでいる

空

間の縮みももちろん相対的なものです。光速に近い速さで動くBさんにとって周りの空間が縮んで見えるのと同時に、止まっているAさんにとってはBさんそのものが縮んで見えます。これも、「どちらの立場から見るか」によって変わってきます。

今までの説明をまとめてみると、「**止まっている系から見たとき、光速に近い速さで動く物体の時間の進みは遅くなり、進行方向の長さが縮んで見える**」となります。では、なぜこんな現象が起きるのか、別の角度から考えてみましょう。

絶対的に不変なものは光の速度で、これはどんな速さで動く人から見ても同じになります。その光の速さは距離÷時間で計算できます。この式は、速さとは距離と時間の比であることを意味しています。これが不変であるためには、距離が伸びたら時間も伸びてゆっくりと進むことになりますが、現実はそれに対応しているのです。つまり、**時間や空間は、「光速が不変である」ように伸び縮みしている**のです。このことは、相対性理論においては、時間と空間は分けて考えることができないことを意味します。

この時間と空間を、相対性理論ではまとめて**「時空」**と呼びます。普段の生活ではまったく別のものとして扱っている時間と空間ですが、「時空」が伸びたり縮んだりすることで極めておもしろい現象が起きることが知られています。

時間と空間をセットで考えると良いことがあるのですか？

せいと

良いことがあるというよりは、「本来、世界とはそういうものである」という感覚のほうが近いかもしれません。もともと時間と空間とは別々に語ることができないものだというイメージを持っていましょう。

せんせい

ほぼ光速で移動することで長い100万分の2秒を旅する

〜 ミューオン粒子の不思議 〜

視点別のミューオンの動き

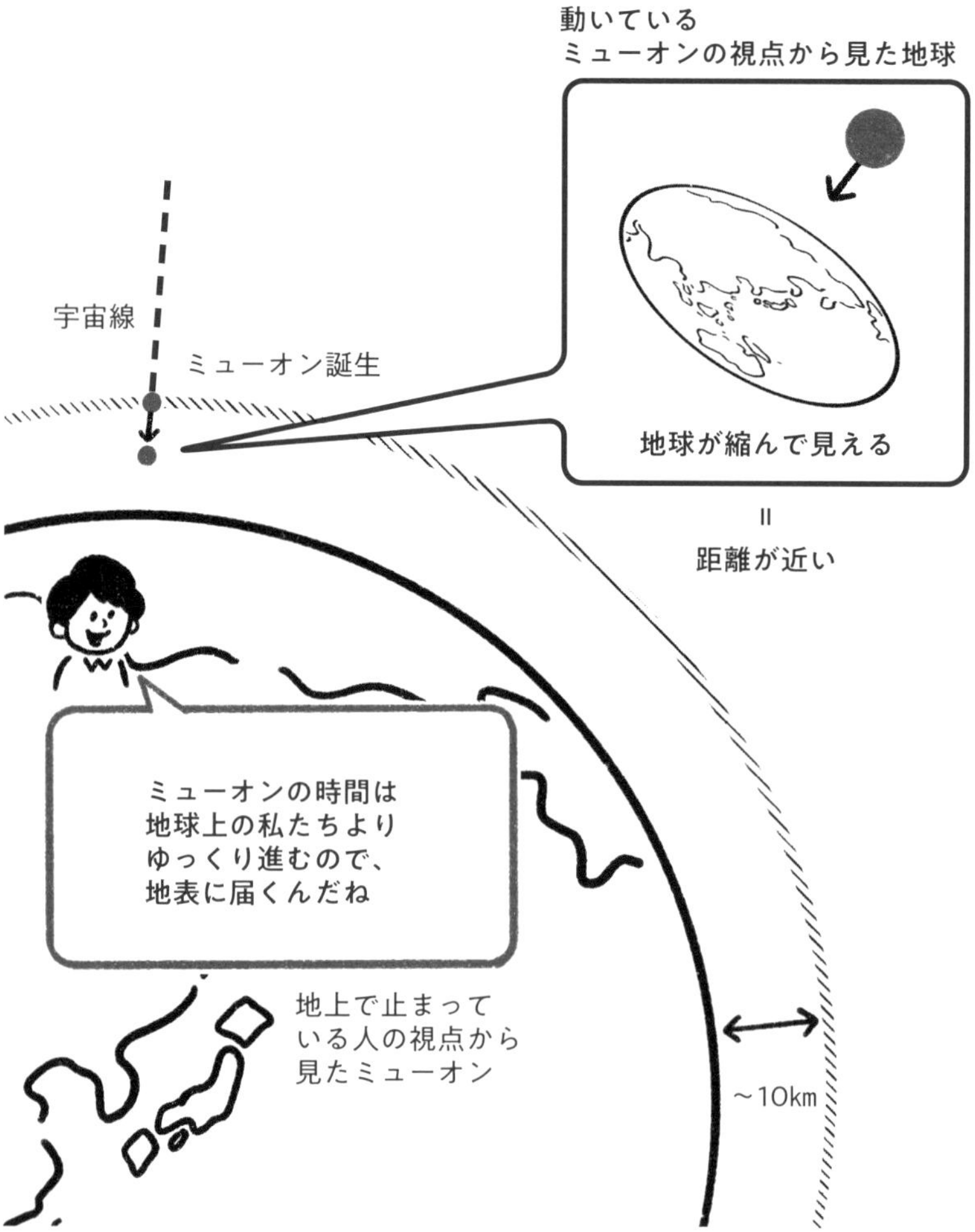
動いている
ミューオンの視点から見た地球
地球が縮んで見える
=
距離が近い
宇宙線
ミューオン誕生
ミューオンの時間は
地球上の私たちより
ゆっくり進むので、
地表に届くんだね
地上で止まって
いる人の視点から
見たミューオン
〜10km

相対性理論の影響は、光速に近い速さで運動する物質や観測者に対してよく現れます。ここでは、その例としてミューオンという粒子について紹介します。

宇宙では、宇宙線と呼ばれる放射線が飛び交っています。この宇宙線が地球の大気圏にある空気と衝突するとミューオンという粒子が飛び出します。その速度は非常に速く、光速の99%ほどの速さで飛ぶことが知られています。一方で寿命は非常に短く、100万分の2秒程度で崩壊してしまいます。そのため、ミューオンが進む距離は秒速30万kmに100万分の2(秒)をかけて、せいぜい0.6km程度のはずです。ミューオンは地上10kmほどで作られるので、**ミューオンは大気の中ですぐに崩壊し、とても地上には届かない**と思われてきました。

しかし、実際に観測をしてみると、10㎠あたり毎分1個ほど、地表に衝突しています。ミューオンは、光速の約99%で地球にやってきます。そのため、**地上から見ると「動くものの時間の進みはゆっくり見える」影響で、寿命が伸びたように見える**のです。

一方でミューオンの側からは、地球を含めた「空間が縮んで」見えます。そのため、ミューオンにとっての100万分の2秒の間に地上に到達できるのです。相対性理論では、ニュートン力学では説明がつかない現象を、見事に解決できるのです。

ミューオンから見たら、地球がものすごい速さで近づいている、ということでしょうか?

せいと

その通りです。光速に近い速度のミューオンから見ると、宇宙全体が進行方向に潰れて見えます。このとき、地球は球を潰した形に見えるはずです。このように、同じ現象でも誰から見るかという観測者の立場によって説明の仕方が変わってくることがあります。

せんせい

同じものを見ても、見る人によって「同時」か「同時でない」かが変わる

～ 同時性の不一致① ～

壁の移動

地上で止まっているＡさんの視点で見た光の軌道

ロケットに乗って動いているBさんの視点から見た光の軌道

Ａさんの視点では壁が右に動く

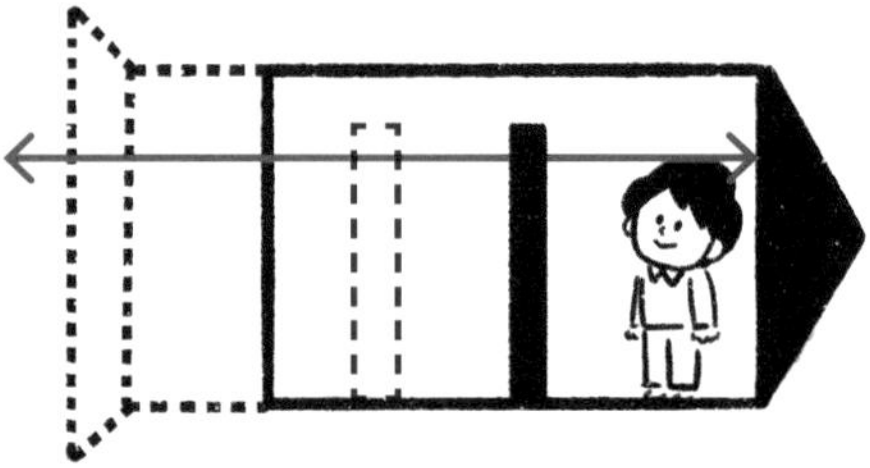

Ａさんの視点では
左の壁に早く到達した！

Aさん

Ａさんにとっては、
光は左の壁に届いてから
遅れて右の壁に届いた

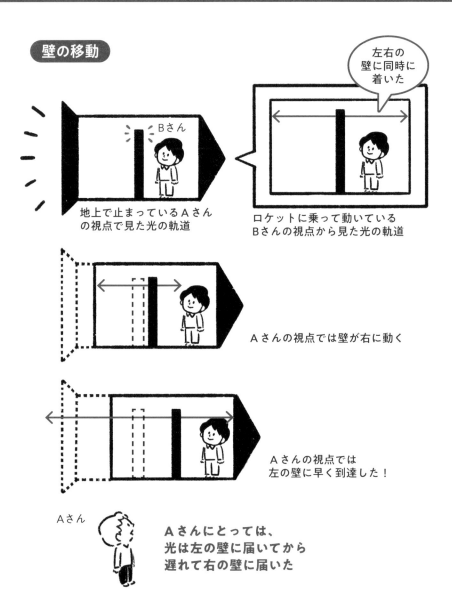

今度は有名な、「**同時性の不一致**」という現象について例を交えながら紹介していきます。今、右図のように光速に近い速度vで右向きに進むロケットにBさんが乗っています。それを静止しているAさんが地上から見ている状況を考えてみましょう。ロケットの中央には光源があり、その光源から左右の壁に同時に光が放たれたとします。

まず、Bさんの視点で考えてみます。Bさんはロケットに乗っていますが、光速cは誰から見ても常に同じ速度なので、光は速度cで左右の壁に向かって進んでいきます。どちらに進んだ光も、Bさんから見て同時に壁に到達するはずです。

では、次に地上で止まっているAさんの側から見てみましょう。Aさんから見ると、ロケットは右向きに動いています。放たれた光は、左右の壁に向かって進みますが、壁もロケットとともに左から右へ動いていきます。Aさんから見ても光速cは不変なので、その分、光は左の壁に速く到達することになります。右に放たれた光は、ロケットの速度vで壁が遠ざかっているため、少し遅れて壁に到達するはずです。

Bさんから見ると、中央で放たれた光は左右の壁に同時に到達するように見えますが、Aさんから見ると左の壁に速く到達し、その後右の壁に到達するように見えるのです。

せいと
左右に出る光は本当に同じ速さなのでしょうか?

せんせい
相対性理論は「光速度不変の原理」をもとにして組み立てられた理論です。そしてその理論が現実に見事に一致していることから、やはりどの観測者から見ても、どんなに早く動いているものから光を発射しても、光速は一定速度cで進んでいると考えるのが妥当です。

せいと
それにしても、同じものを見ているのにある人にとっては同時で別の人にとっては同時じゃないなんて…。

せんせい
そうですね。この考え方が正しいか間違いか、次のページで検討しましょう。

時空図では「不思議」な現象が矛盾なく起こることが明らかになる

～ 同時性の不一致② ～

Aさんの時空図　Aさんから見てロケットが右に移動している

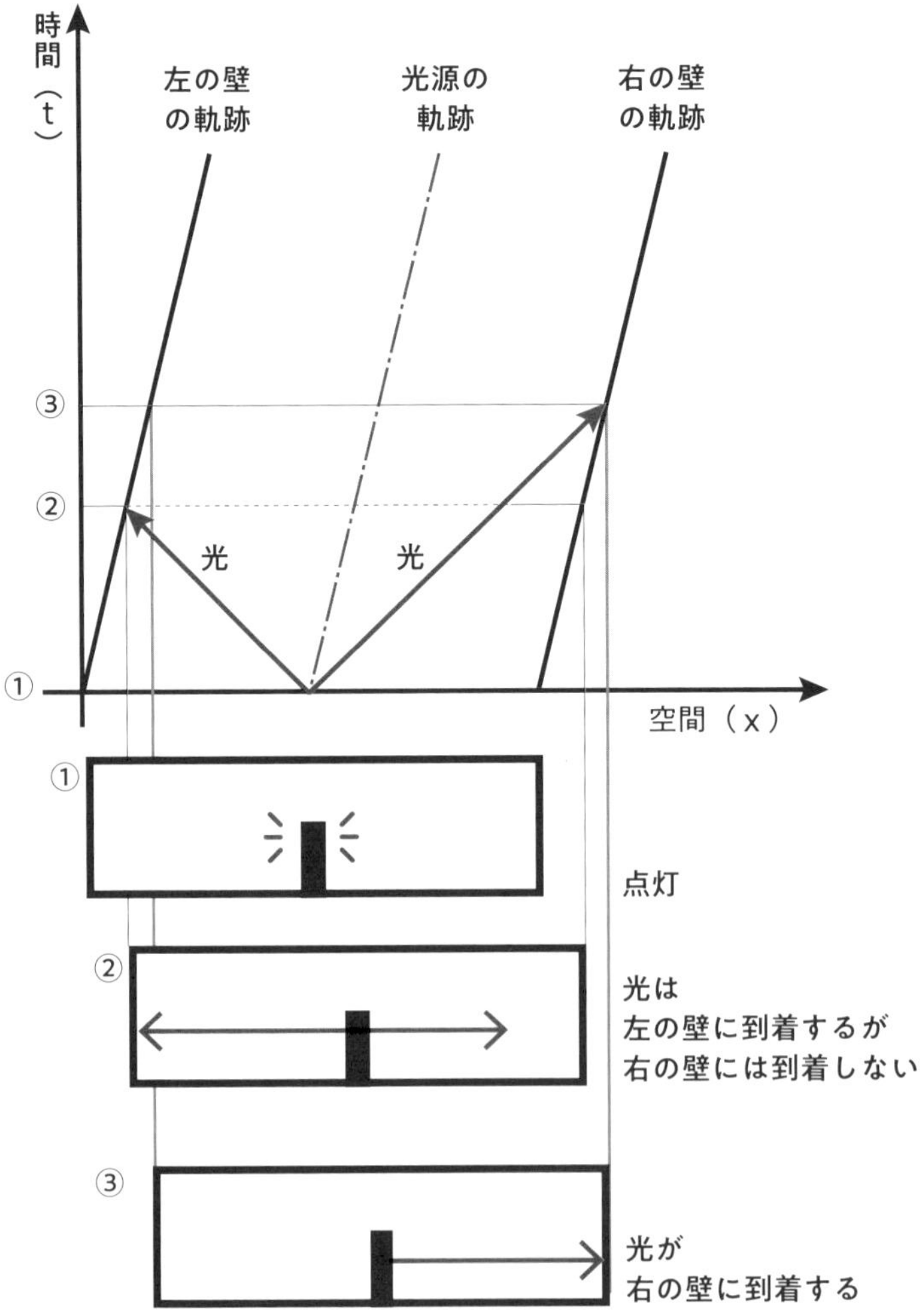

Bさんから見て光が同時に壁に到達することと、Aさんから見て光が左の壁に先に到達することは矛盾なく成立します。つまり、誰から見るかによって「同時」であるかどうかが変わるのです。

これを理解するために、新しく「**時空図**」というものを導入します。相対性理論では、時間と空間をまとめて「時空」と呼びます。時空図では、横軸に位置（空間）をとり、縦軸に時間をとります。簡単に理解するためには、「**時空図とはいつ、どこにいるかがわかる図**」と考えてみてください。

右ページに、まずAさんから見た時空図を示してみました。Aさんから見て、Bさんの乗ったロケットの左の壁、光源、右の壁の軌跡は傾いた線で書くことができます。時空図では光が45°になるように書かれるのが一般的です。ロケットの中心から出た光は、±45°の傾きでロケットの左の壁、右の壁の線にぶつかります。このぶつかった点が、光が壁に到達した時間と場所になります。

ここで、Aさんから見て光が壁に到達した時間を見てみましょう。Aさん視点の時空図で、同時というのは、グラフでは横の軸に平行な場所になります。Aさんから見ると、光は左の壁に着くほうが早く、続いて右の壁に光が到着します。グラフは、②と③の時間がずれていることから、**Aさんから見ると光の到着は同時には起こらないことを示しています。**

横軸を空間、縦軸を時間にするのはなぜですか？

せいと

相対性理論の習慣、と思ってください。もちろん、これを逆にしても時空図の本質的な意味は変わりません。

せんせい

壁や光源、光は時空図では斜めに描かれるのですね。

せいと

斜めの線は、ある速度で進んだことを表しています。光とロケットで傾きが違うのは、速度が違うからです。

せんせい

時空図の座標でも光速だけは同じにとる

～ 同時性の不一致③ ～

Bさんの時空図　Bさんから見てAさんが左に移動している

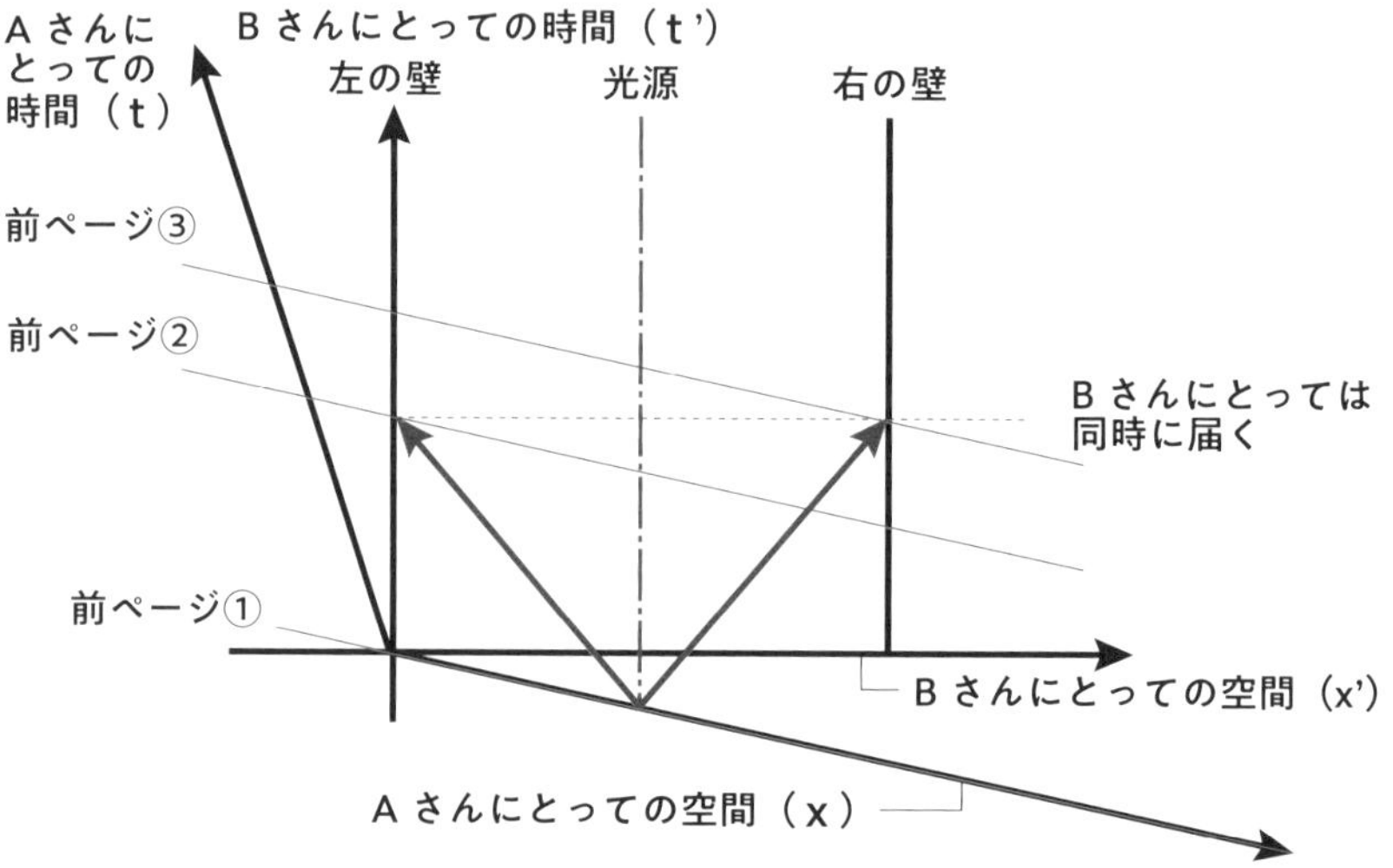

Aさんの時空図②　前ページの時空図にBさんの視点を加えたもの

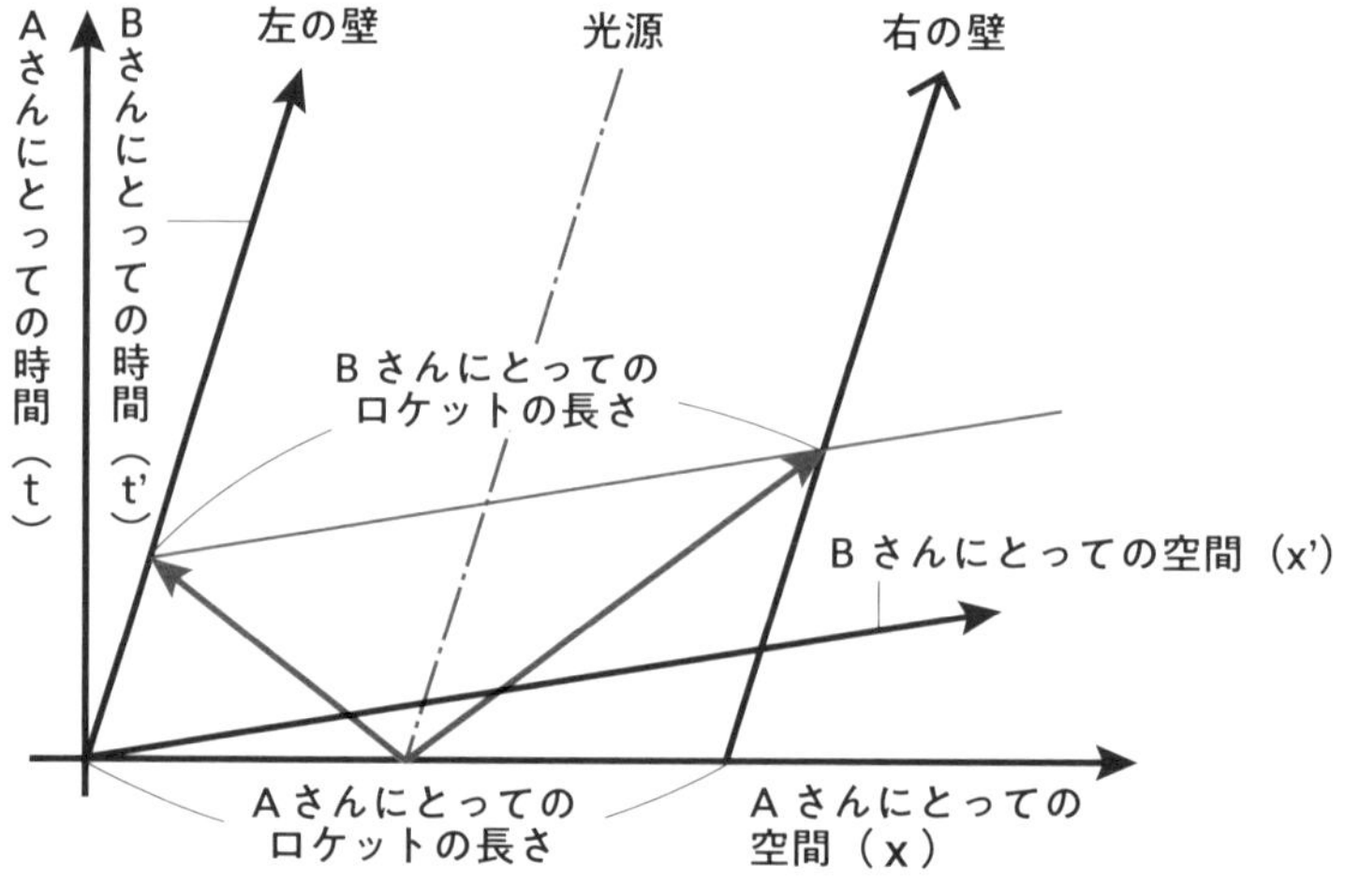

次に、Bさんから見た時空図を描きます。**Bさんにとっては壁も光源も移動しないので、縦に垂直な線になります**。この図に光を書き込むと、**Bさんにとって光は同時に壁に到達すること**がわかります。この図にAさんの時空図を書き込むと、縦軸と横軸が斜めに交わります。このような座標を斜交座標と呼びます。前ページの①～③とBさんから見た時空図を見比べることで、Aさんの「同時」とBさんの「同時」が違っていることがわかるでしょう。下図のように、Aさんの時空図にBさんの視点を加えると、今度はBさんの軸が斜めに交わることになります。

　このように、**ロケットの中にいるBさんから見れば同時に壁に着くように見える光も、静止して外から見ているAさんにとっては同時ではない**、ということが起こるのです。

　時空図は難しい概念ですが、視覚的に状況を把握できるのでより深い理解に繋がります。例えば、少し前に紹介した「動いているものの長さは縮んで見える」という現象は、Aさん視点の64ページの時空図において、Bさんにとって同時であるロケットの長さに対して、Aさんにとって同時であるロケットの長さが短い、ということを意味しています。

せんせい

Bさんにとっての「同時」とは、Bさんのx'軸に平行な線で表されます。時空図を見ると、光源からの光はBさんにとって同時に壁に届いていることがわかります。

せいと

時空図で観測者によって軸が違うのはどうしてですか？

せんせい

軸が違うということは、観測者それぞれにとっての空間と時間というものがある、ということを意味しています。そしてこのことこそが、観測者による相対性を表しています。ちなみに、お互いの速度が光速に比べて非常に小さいと、この軸がほとんど同じになるために相対性を感じることができません。

自然界ではどんなものも光速を超えられない
エネルギーは質量になる

～ 光速に近づくと質量が増加する① ～

エネルギーは質量になる

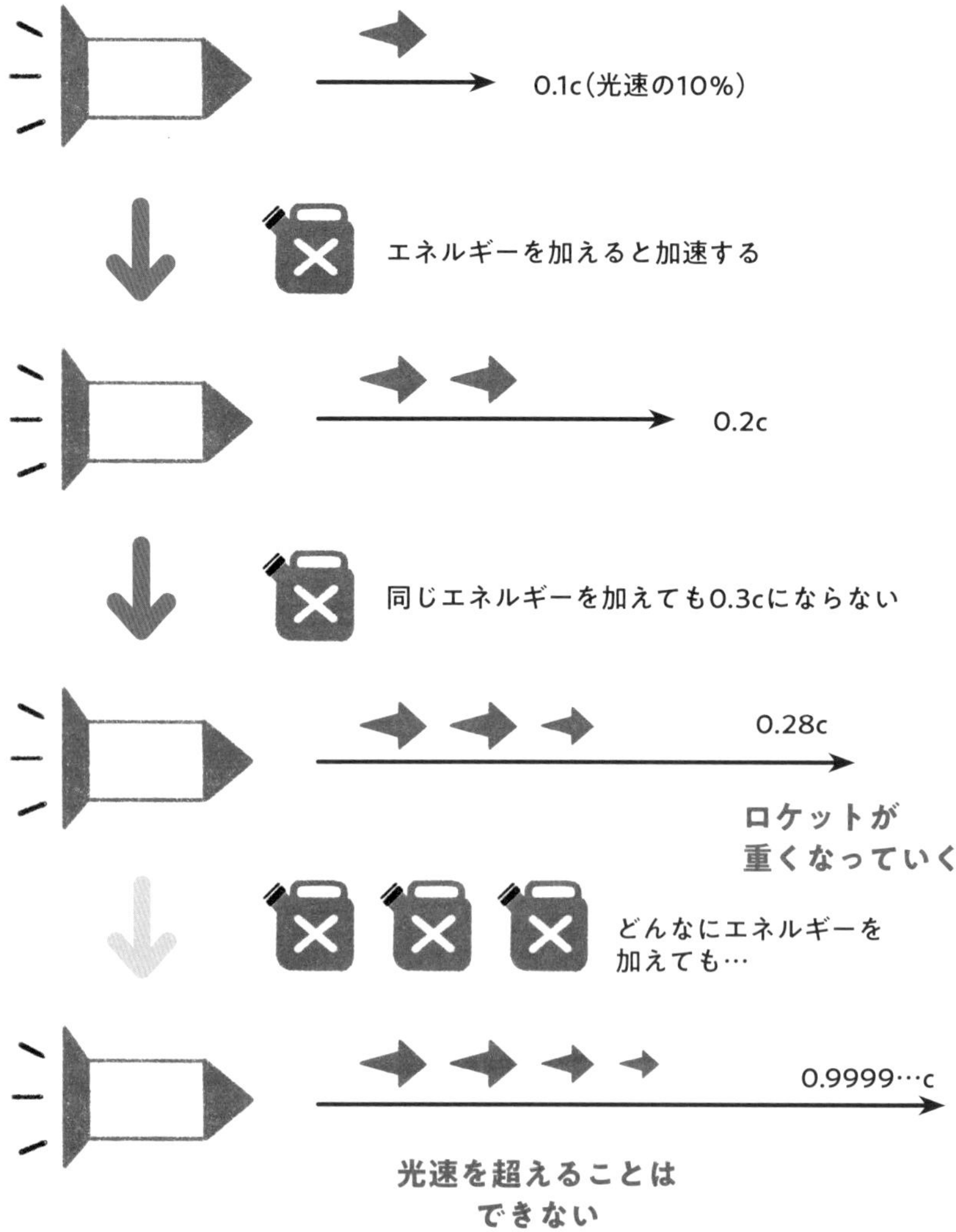

0.1c（光速の10％）
エネルギーを加えると加速する
0.2c
同じエネルギーを加えても0.3cにならない
0.28c
ロケットが
重くなっていく
どんなにエネルギーを
加えても…
0.9999…c
光速を超えることは
できない

光速には、「光速度不変の原理」のほかにもう1つ、重要な性質があります。それは、「光速は自然界において最速であり、**どのような物質も光速を超える速さで運動することはできない**」というものです。

特殊相対性理論では、どのような場合でも光の速度 c は不変でした。これは、例えば光の速度に近い速度 v で飛んでいるロケットから、前方に向かって光を飛ばしても、光は c という不変の速度で遠ざかっていくことです。このことは、特殊相対性理論において速度の足し算は $v+c$ のような単純な足し算にはならないことを意味しています。また、どんな速さで前に進んでも光はその地点から見て光速 c で前に進んでいくので、光には絶対に追いつけないこともわかります。では、例えばロケットを加速させ続けたらどうなるのでしょうか？

自然界においては光の速度が上限なので、ロケットの速さは光の速さに近づいていきますが、決して光の速度になりません。**エンジンによってロケットの推進力をどれだけ上げても、光速には到達することはできないのです。**エンジンがロケットに与えたエネルギーはどこに行ってしまったのでしょうか？

結論から述べると、**ロケットに与えられたエネルギーは「質量」に変わってしまった**のです。これをまとめると、**物体は光速に近づくほど加速しにくくなり、質量が増える**ということになります。

質量が増える、というのも、時空の伸び縮みと同様、「静止した人から見て」質量が増えたように見えることを意味しています。

せんせい

人の質量が増える、ということは太って見えるということではないですよね？

せいと

もちろん、そうではなくて体を構成している粒子の質量そのものが増える訳です。もし光速で動いているとしたら、空間が縮むのでむしろ圧縮されて見えることになると考えられます。

せんせい

質量は重さと同義ではない 動かしにくさの度合いである

～ 光速に近づくと質量が増加する② ～

質量とは動かしにくさの度合い

質量が少ないと、
少ないエネルギーで動く

質量が増えると、動くのに
多くのエネルギーが必要

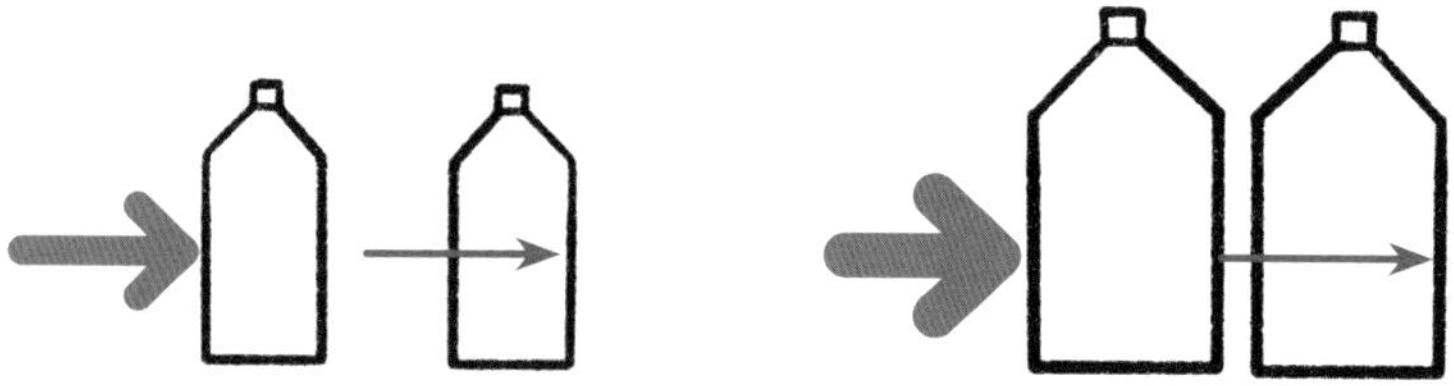

エネルギーと質量は等価　$E=mc^2$

E：物質が持つエネルギー　　m：物質の質量　　c：光の速度

まったく別のものだと思われていた
「エネルギー」と「質量」は
等価であることがわかった

「質量が増加する」

ということを考えるために、まずは質量とは何かということについて考えてみましょう。ニュートンの運動方程式では、$ma=F$でした。mが質量、aが加速度、Fが加えられた力を表しています。加速度とはどのくらい速度が変化するかの値です。そこで、式を変形して $a=\frac{F}{m}$ としてみると、加速度は質量に反比例することがわかります。つまり、**質量が大きいと加速しにくい**のです。

　これを簡易な表現に直すと、「**質量とは、動かしにくさの度合いである**」となります。例えば500㎖のペットボトル1本より、2Lのペットボトルのほうが動かすのが大変ですよね。ここで相対性理論に戻ってみます。光速に近づくほど質量が増えるということは、**光速に近い速さの物体は動かしにくい**、ということになります。ほとんど光速に近い物質の質量は無限大に増加してゆき、それ以上加速できなくなります。その速度こそ、光速cなのです。

　「光速に近づくと物質の質量が増加する」ということまでの話は、さらに驚くべき事実につながります。それは、**エネルギーと質量とが等価である**ということです。ロケットの例では、**ロケットの速度をあげようとしていたエネルギーが、速度ではなく質量を増大させていた**、ということです。

光が宇宙を移動するものの中で最も速い理由は、光の質量が0だからです。一方で、電子などは小さいですが質量を持っています。そのため、光速の99．99…％まで加速することは可能ですが、質量がどんどん大きくなってしまうので決して光速を超えることはできないのです。

せんせい

エネルギーと質量が「等価」であるとはどういうことですか？　単純に「同じ」ではないのですか？

せいと

「等価」とは、変換可能というくらいの意味合いで使われているようです。ダイヤモンドとお金は「等価」であると言えるかもしれませんが、「同じ」ではありません。

せんせい

質量がエネルギーに変わることを利用したのが原子力発電

〜 質量とエネルギーの等価性 〜

原子 …物体を構成する粒のようなもの

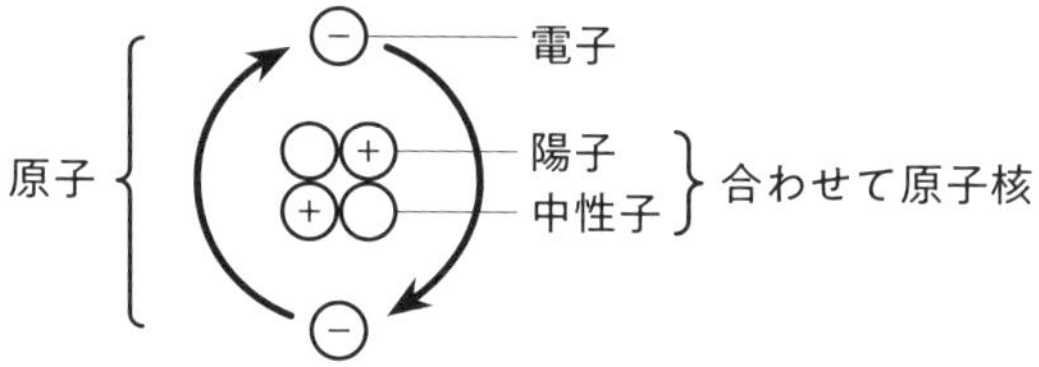

化学反応 …反応の前後で全体の質量はほぼ変化しない

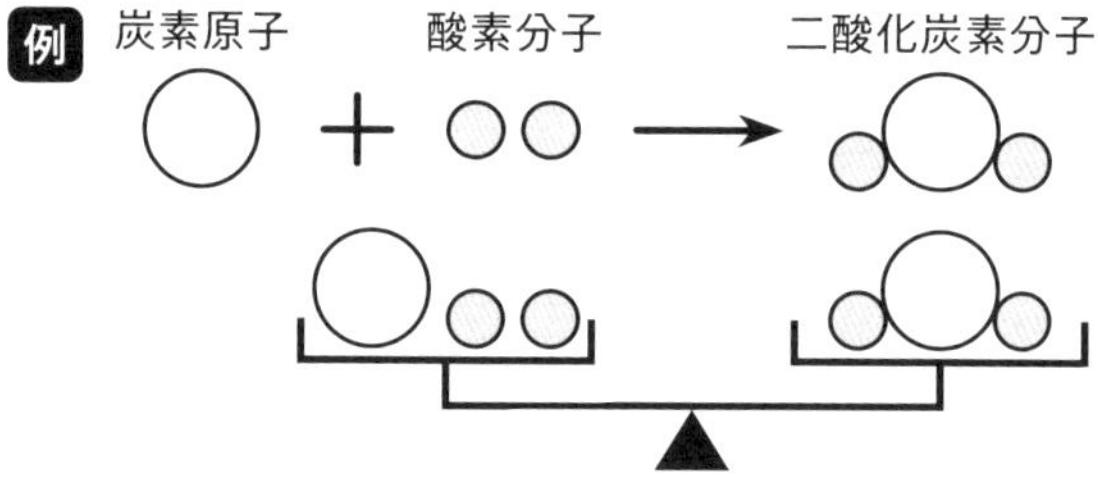

核分裂反応 …反応の前後で質量が変化する

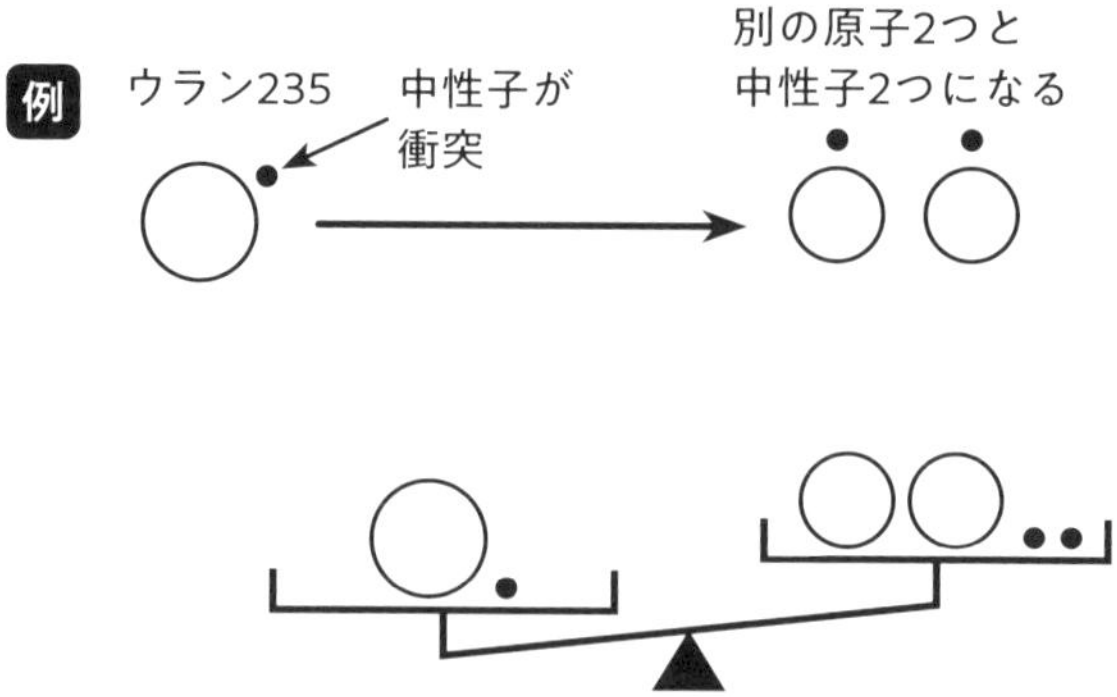

軽くなった分はエネルギーに！

郵便はがき

おそれいりますが
切手をお貼り
下さい

1 0 4 - 8 0 1 1

東京都中央区築地
5−3−2

株式会社
朝日新聞出版
生活・文化編集部 行

ご住所　〒 電話　（　　　）		
ふりがな お名前		
Eメールアドレス		
ご職業	年齢 歳	性別 男・女

このたびは本書をご購読いただきありがとうございます。
今後の企画の参考にさせていただきますので、ご記入のうえ、ご返送下さい。
お送りいただいた方の中から抽選で毎月10名様に図書カードを差し上げます。
当選の発表は、発送をもってかえさせていただきます。

愛読者カード

お買い求めの本の書名

お買い求めになった動機は何ですか？（複数回答可）

1. タイトルにひかれて　　2. デザインが気に入ったから
3. 内容が良さそうだから　　4. 人にすすめられて
5. 新聞・雑誌の広告で（掲載紙誌名　　　　　　　　　　）
6. その他（　　　　　　　　　　　　　　　　　　　　　）

表紙　1. 良い　2. ふつう　3. 良くない
定価　1. 安い　2. ふつう　3. 高い

最近関心を持っていること、お読みになりたい本は？

本書に対するご意見・ご感想をお聞かせください

ご感想を広告等、書籍のPRに使わせていただいてもよろしいですか？

1. 実名で可　2. 匿名で可　3. 不可

ご協力ありがとうございました。
尚、ご提供いただきました情報は、個人情報を含まない統計的な資料の作成等に使用します。その他の利用について詳しくは、当社ホームページ https://publications.asahi.com/company/privacy/ をご覧下さい。

物質が光速に近づくにつれて質量が増すなら、逆に遅くしていった場合はどうなるでしょうか？　もちろん、重さがなくなったりはせずに、物体ごとに決まった値になります。これを静止質量と呼びます。私たちの身の回りのものは、光速より十分遅い速度で動いているので、ほぼ静止質量と考えることができます。

ここからは、**「質量がエネルギーに変わる」**例を見ていきましょう。最も有名な例は、原子力発電所で起きている**ウランの核分裂反応**です。一般的に、原子は電子・陽子・中性子という3種類の粒子によって構成されています。酸素や水素などの原子の種類は、原子核にどれだけ陽子が含まれるかによって決まります。

ウランは不安定な原子であり、分裂して小さな原子に分かれやすいという特徴があります。**元々のウランと、それが核分裂を起こしてできたものの質量を比較したところ、わずかに分裂後の質量のほうが小さくなります。その分の質量がエネルギーに変換されたのです。**

具体的には、核分裂によって1つのウラン原子が失う質量はおよそ0.1％と言われています。1gのウランを反応させると、0．001gの質量を失い、およそ8.3×10^{10} J（ジュール）のエネルギーが生じます。これは、250Lのお風呂に溜めた0℃の水を約790回沸騰させることができるエネルギーです。

せいと

石炭を燃やすと熱が出るのは、質量がエネルギーに変換されたわけではないのですか？

せんせい

石炭は化学エネルギーを持っていて、それを使って熱を発生させています。この反応の前後で発生するエネルギーは質量のエネルギーに比べて無視できるほど小さく、全体の質量は保たれていると考えて問題ありません。燃える前の石炭と酸素の合計の質量は、燃えた後の灰や二酸化炭素の合計の質量とほとんど厳密に一致しています。一方で、質量がエネルギーになるというのは、極端な話でいえば石炭が消えてなくなり、その代わりに莫大なエネルギーができる、というようなことを指しています。

SUMMARY OF PART 2

第 2 章 の ま と め

特殊相対性理論は、光速度不変の原理とアインシュタインの相対性原理という、基本的な2つの原理から導かれる理論です。おさえておきたいトピックは次の3つです。

1つ目は、静止している人から見て、動くものの時間が遅れて見えることです。光速に近い速さで動くロケットに乗っている人の時間は、止まっている人からは遅れて見えます。これは相対的なものなので、逆にロケットに乗る人から見れば周りの時間が遅れて見えます。

2つ目は、静止している人から見て、動くものは縮んで見えることです。これも相対的なものです。1つ目と2つ目のトピックからわかることは、時空は相対的なものであり、誰から見るかによって異なるということです。また、観測者によって同時の概念が異なるという例として「同時性の不一致」について解説しました。

3つ目は、質量とエネルギーの等価性です。自然界では光速を超える速度で移動する物質は存在しません。ある物質を光速に近づけようと加速させても、そのエネルギーは物質の動かしにくさである質量になります。ニュートン力学ではまったく別のものだった質量とエネルギーを結びつける式として、$E = mc^2$があります。

特殊相対性理論で注意するべき点は、慣性系でのみ厳密に成立する理論だという点です。慣性系とは、観測者が静止、もしくは等速直線運動をするような系のことです。

用語解説②

三平方の定理
2辺の長さをa，b、斜辺の長さをcとする直角三角形において $c^2 = a^2 + b^2$ が成り立つとする定理。ピタゴラスの定理としても知られている。

c（光の速度）
光が伝播する速さのこと。真空中における光速の値は299792458 m/sと定義されている。よく「1秒間に地球を7周半回ることのできる速さ」と表現される。

時空
時間と空間をまとめた概念のこと。相対性理論では時間と空間は切り離せないものであるとされる。

大気（圏）
地球を覆っている空気の層のこと。定義によっても異なるが、地上から約100km までのことを指し、その外を宇宙とすることが多い。

平方根 √（根号）
「2乗するとxになる数」のことを「xの平方根」という。例えば、9の平方根は3と -3 である。これは根号を用いて、$\pm\sqrt{9} = \pm 3$ と表すことができる。

宇宙線
宇宙空間を高エネルギーで飛び回っている粒子。地球にも多くの宇宙線が到来しており、大気との衝突によって大量の粒子を生成し、それらの粒子は地表に降り注いでいる。

時空図
相対性理論における時間と空間の関係を表すために用いられる図。特に、異なる慣性系での時間と空間の関係性を可視化するときに用いられる。

$E=mc^2$
アインシュタインが導き出した、エネルギーと質量の等価性を示した式。物質からエネルギーを引き出す、またはその逆にエネルギーから物質を生み出すことができることを表している。

核分裂反応
ウランなど質量の大きな原子核と他の粒子が衝突して起きる反応。大きなエネルギーを放出する。原子炉における基本的な核反応である。

エネルギー
仕事をすることのできる能力。物理学でいう仕事とは、力を加えて物体を動かすこと。電気エネルギーや熱エネルギー、運動エネルギーなどさまざまな種類がある。

MINI COLUMN

アインシュタインの来日とノーベル賞受賞

1905年に特殊相対性理論を完成させたアインシュタインは、より一般的な理論として一般相対性理論に着手しました。1915年にようやく一般相対性理論を完成させ、翌年の1916年に学会誌でその詳しい内容を発表します。この当時は一般相対性理論を理解できる人も少なく、それほど高い評価を得ることができなかったと言われています。

アインシュタインの名が世界に広く知られるようになったのは、1919年のことです。皆既日食において太陽の重力場によって光が曲げられる、重力レンズ効果がイギリスの天文学者、アーサー・エディントンによって観測されたのです。このことは一般相対性理論の評価を押し上げるとともに、アインシュタインの名を世界中に知らしめることになりました。

同じ年1919年に、アインシュタインは5年ほど別居が続いていた妻のミレーヴァと離婚し、数カ月後に従姉のエルザと再婚します。ノーベル賞の受賞がほぼ確実だったこともあり、その賞金をミレーヴァへの慰謝料に当てることも決まっていたようです。

ドイツの敗戦で、第一次世界大戦が終わったのは1918年のことです。世界に平和が訪れたかのように見えたのも束の間、1921年にはアドルフ・ヒトラーがナチス党の党首になります。ユダヤ人であったアインシュタインはナチスに目をつけられ、生活が脅かされることになります。

1922年には、アインシュタインは日本の出版社の改造社の招きに応じて来日を果たしています。大正天皇に謁見したり全国各地で公演を行ったりし、43日間の滞在を果たしました。日本へ向かう船の中でアインシュタインはノーベル賞受賞の知らせを受け取っています。受賞理由は「光電効果の発見」でした。相対性理論ではなかった理由としては、「人類の発展に大きな利益をもたらすのか」という疑問の声や、アインシュタインがユダヤ人だったこともあり、当時正当に評価することができる人があまりいなかった相対性理論への非難を避けるためだったと言われています。

アインシュタインは親日家としても知られていて、お辞儀や日本食などの文化に強い関心を持っていました。その日本への旅中でのノーベル賞受賞の知らせということもあり、アインシュタインにとって訪日は印象深い出来事になったそうです。

PART 3

一般相対性理論の世界へようこそ

特殊相対性理論の2つの弱点

〜一般相対性理論が必要となったわけ〜

「特殊」から普遍的な理論へ

特殊相対性理論は、

光速に近い速さで動いているものは
- ✓時間が遅れる
- ✓空間が縮む
- ✓質量が増大する

ことを明らかにした。

しかし弱点があった。

それは、重力と加速系についての議論がなかったこと。

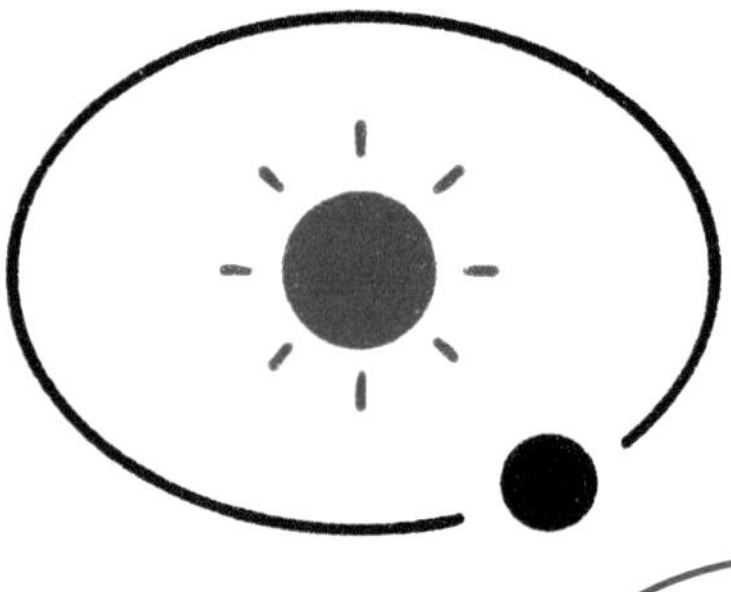

重力

加速系

これらがある
一般的な状況で
使えるようにしたい

→より普遍的な一般相対性理論の構築へ！

特殊相対性理論が発表された１９０５年から約10年後、アインシュタインは一般相対性理論を発表します。特殊相対性理論は時間と空間を融合させた時空という概念を作り上げ、時空の伸び縮みや質量とエネルギーの等価性を導き出しました。この理論は、ニュートン力学では説明のつかなかった物理現象を説明することができ、画期的な理論体系として注目されることになります。しかし、特殊相対性理論にはいくつかの「弱点」がありました。

最も大きな弱点は、特殊相対性理論は「慣性系」の視点からしか扱えないことです。慣性系とは物理学的には「特殊」な状況であり、観測者が加速する系などを含めた一般的な状況に対応するような相対性理論の構築が求められていました。

また、特殊相対性理論の**弱点の2つ目は、重力についての議論が欠落していたことです。**ニュートン力学では、重力は瞬間的に伝わるとされていました。しかし、特殊相対性理論によれば「自然界に存在するものの速度は光速を超えない」はずです。重力に関しての両者の主張は完全に対立していましたが、特殊相対性理論はこのことに触れていませんでした。そのため、相対性理論を用いて重力についてどう説明するか、ということが課題になっていたのです。

こうした問題を解決し、幅広く適用できる相対性理論として生まれたのが、**「一般相対性理論」**です。

ニュートン力学と特殊相対性理論は矛盾していたんですよね？　では、電磁気学と特殊相対性理論は矛盾していなかったのですか？

せいと

電磁気学は、あらかじめ相対論的な効果を考慮していたことがわかっています。すなわち、どの系から見ても光速が一定であることが理論的に導かれていたのです。そのため、電磁気学と特殊相対性理論に矛盾はありませんでした。これはつまり、電磁気学とニュートン力学が矛盾していたということであり、それを正したのが特殊相対性理論だったというわけです。

せんせい

窓のない箱の中の人は自由落下か無重力かわからない

〜 慣性系の復習と慣性力 〜

加速するとき感じる力

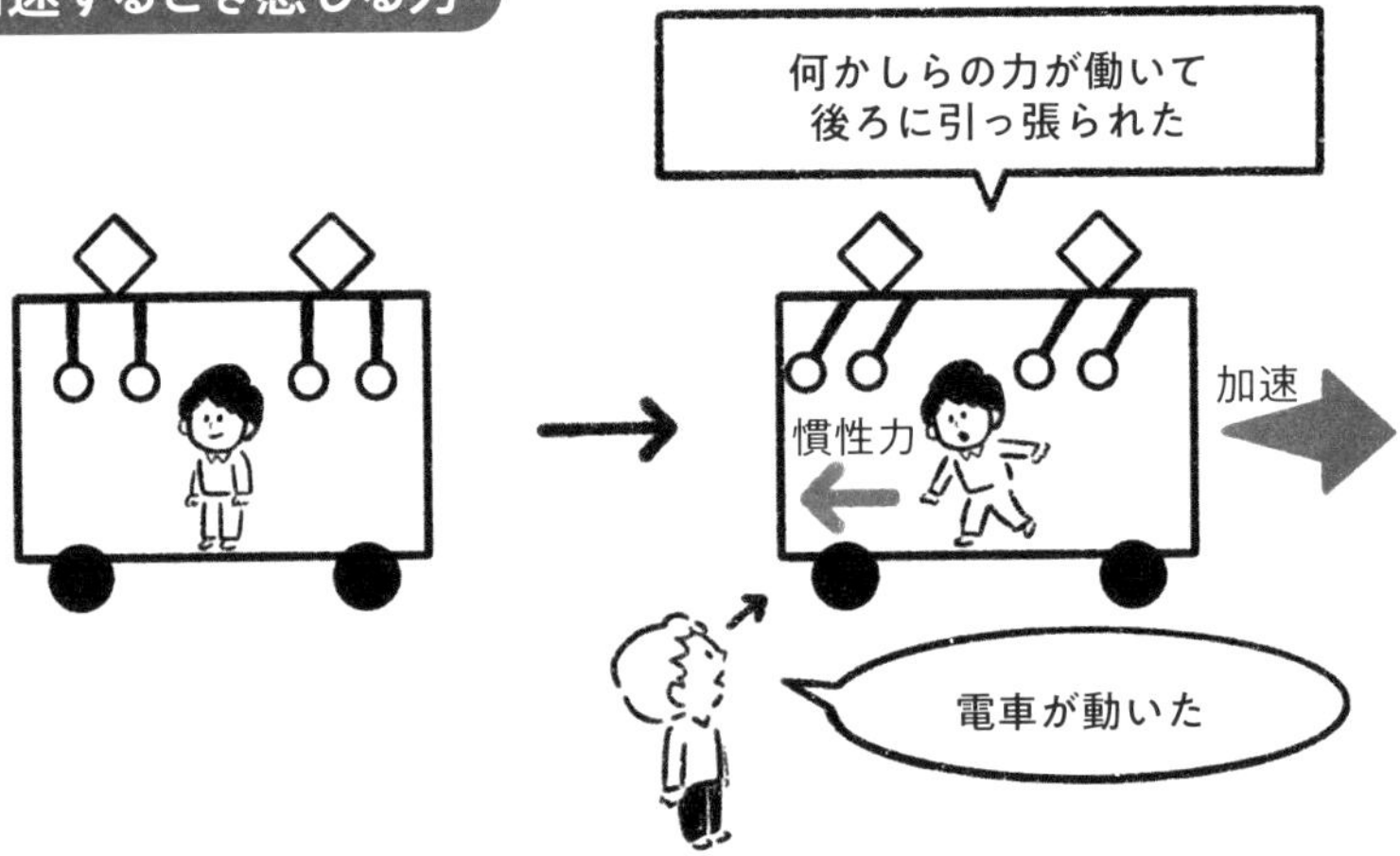
何かしらの力が働いて
後ろに引っ張られた
慣性力
加速
電車が動いた

窓のない箱

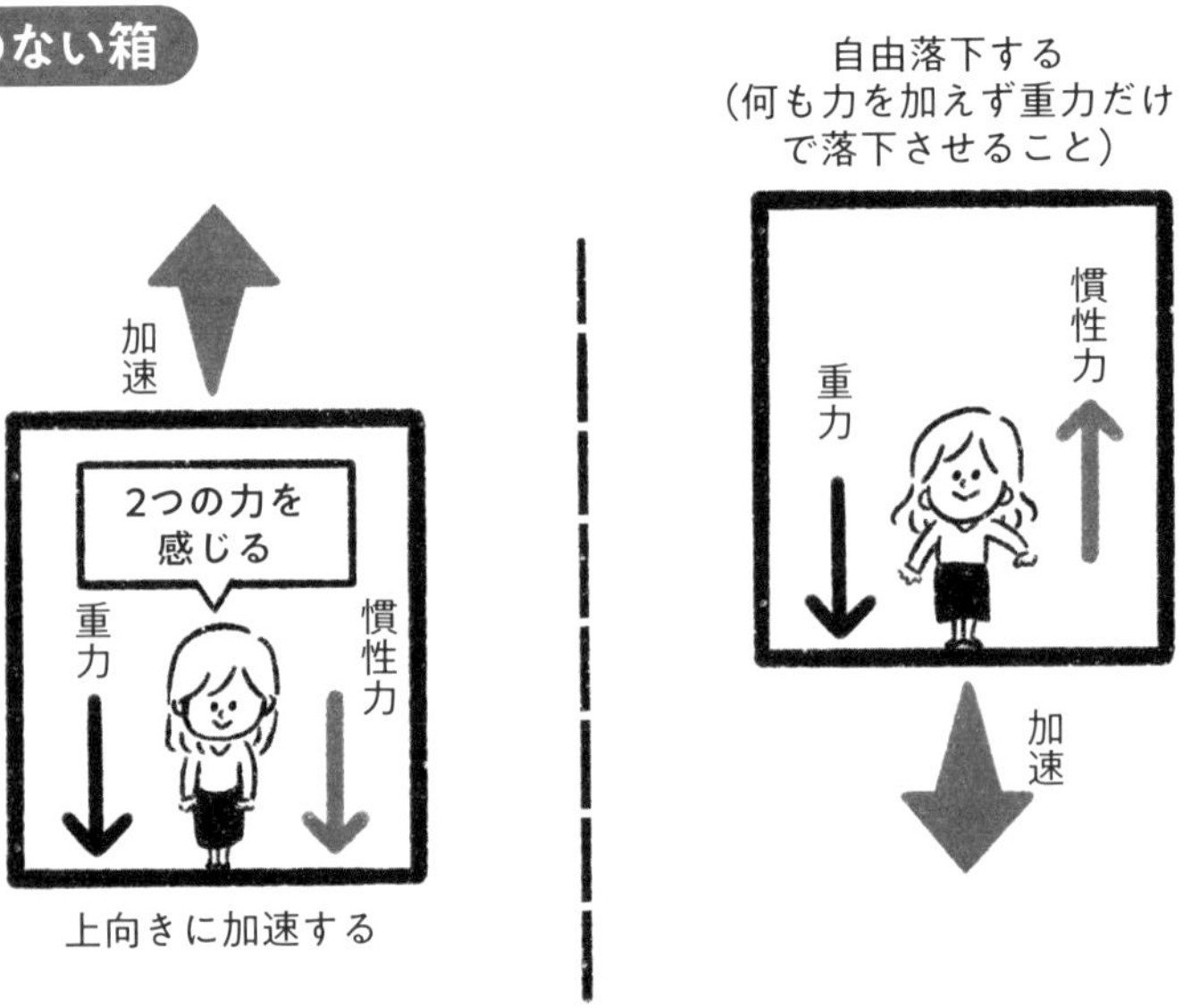
加速
2つの力を
感じる
重力
慣性力
上向きに加速する
自由落下する
(何も力を加えず重力だけ
で落下させること)
慣性力
重力
加速

慣性系では、すべての物理法則は静止した場所と同じように成り立つのでした。これは特殊相対性原理と呼ばれています。

　では、今度は慣性系ではない**加速系**について考えてみます。加速系の例として、上向きに加速するエレベータを思い浮かべてください。このエレベータに乗っていたとしたら、下側にグッと押し付けられるような力を受けるはずです。これは、乗っている電車が急に加速すると、逆方向に体がつんのめるのと同じ理屈です。

　このように、**加速系では加速方向とは反対の方向に力が働きます。ニュートン力学ではこの力を慣性力（見かけの力）と呼んでいました。**この「見かけの力」があるために、加速系では物理法則は慣性系の1つである静止系と異なると考えられていました。見かけの力と呼ばれるのは、**この力はエレベータの外から見ている人にとっては実在しないように見える**からです。

　アインシュタインは、この見かけの力は重力と同じであると考えつきました。これを説明するために、さきほどのエレベータを自由落下させてみましょう。このとき、エレベータに窓はないものとします。自由落下しているエレベータは下向きに加速しているので、慣性力と重力が釣り合って無重力状態のようになっています。このとき、中にいる人がどのようなイメージを持つか想像してください。

見かけの力は実際には存在しないのですか？

せいと

慣性力とは、複数の系で辻褄を合わせるために導入された力です。例えば、加速している電車の中で真上にボールを投げたとします。するとボールは、後方に落ちてしまいます。外から見ている人には、単に電車が加速して前に進んだために後ろに落ちたというだけですが、電車に乗っている人からすれば、真上に投げたボールがなぜか後ろに落ちたことになります。これを説明するために導入された力が「見かけの力」である慣性力なのです。この場合、外から見ている人にとっては慣性力は存在しませんが、電車の中の人は慣性力という力の存在を仮定することによってボールが後ろに逸れたという状況に理由をつけているのです。

せんせい

重力と見かけの力の等価性から弱点を突破した

〜「人生で最も幸せな考え」とは〜

重力と慣性力の等価性

↑と↓が
打ち消し合っている
のではなく、そもそも
そんな力はないと
考えてよい
無重力状態
慣性力（見かけの力）
重力
加速

窓のない箱の中の人は、自由落下しているのか
無重力空間にいるのか、区別はつかない

エレベータの中の人は、自由落下をしているのか、それとも本当に無重力であるのか判断する材料が何もありません。アインシュタインは、**重力と慣性力が区別できないということは、それらが等価なものだからと考えました。これを「等価原理」と呼びます。**

ニュートンの考え方では、加速系では加速している場所から見ると、実際には存在しないはずの「見かけの力」を考えなくてはなりませんでした。しかし**アインシュタインは、加速で生じる慣性力は重力と区別がつかず、単に同じものと見なしてその力を相殺することができると考えました。**こう考えることによって、加速系においても局所的に他の静止系や慣性系と同様に物理現象はまったく同じであるということができます。これを特殊相対性原理に対して、一般相対性原理と呼びます。

特殊相対性原理は慣性系でのみ、すべての物理法則は等しいとされていましたが、一般相対性原理では加速系を含めたすべての系で、すべての物理法則は等しいとしています。これは、慣性力と重力の等価原理に気づけたからこそ説明がつくのです。アインシュタイン自身は、この発想を「私の人生で最も幸せな考え」と言ったそうです。事実、一般相対性原理は特殊相対性理論の課題であった加速系と重力の問題を一気に解決してしまいました。

ニュートン力学の考え方と相対性理論の考え方では、相対性理論の考え方のほうが優れているのですか？

せいと

ニュートン力学の慣性力は見かけの力であり、辻褄を合わせるために半ば強引に導入された力です。一方、慣性力＝重力と考えると重力のある系と加速系をひとまとめに論じることができて、大変便利なのです。

せんせい

この考え方を使えば、地球上で無重力状態を作り出すことができそうです！

せいと

実際に、そのような体験をすることができるのが、パラボリックフライトです。詳しくは１０８ページで紹介しています。

せんせい

落下する箱の中で発せられる光は重力によって曲げられる

～光はなぜまっすぐ進まないのか～

光は重力で曲がる

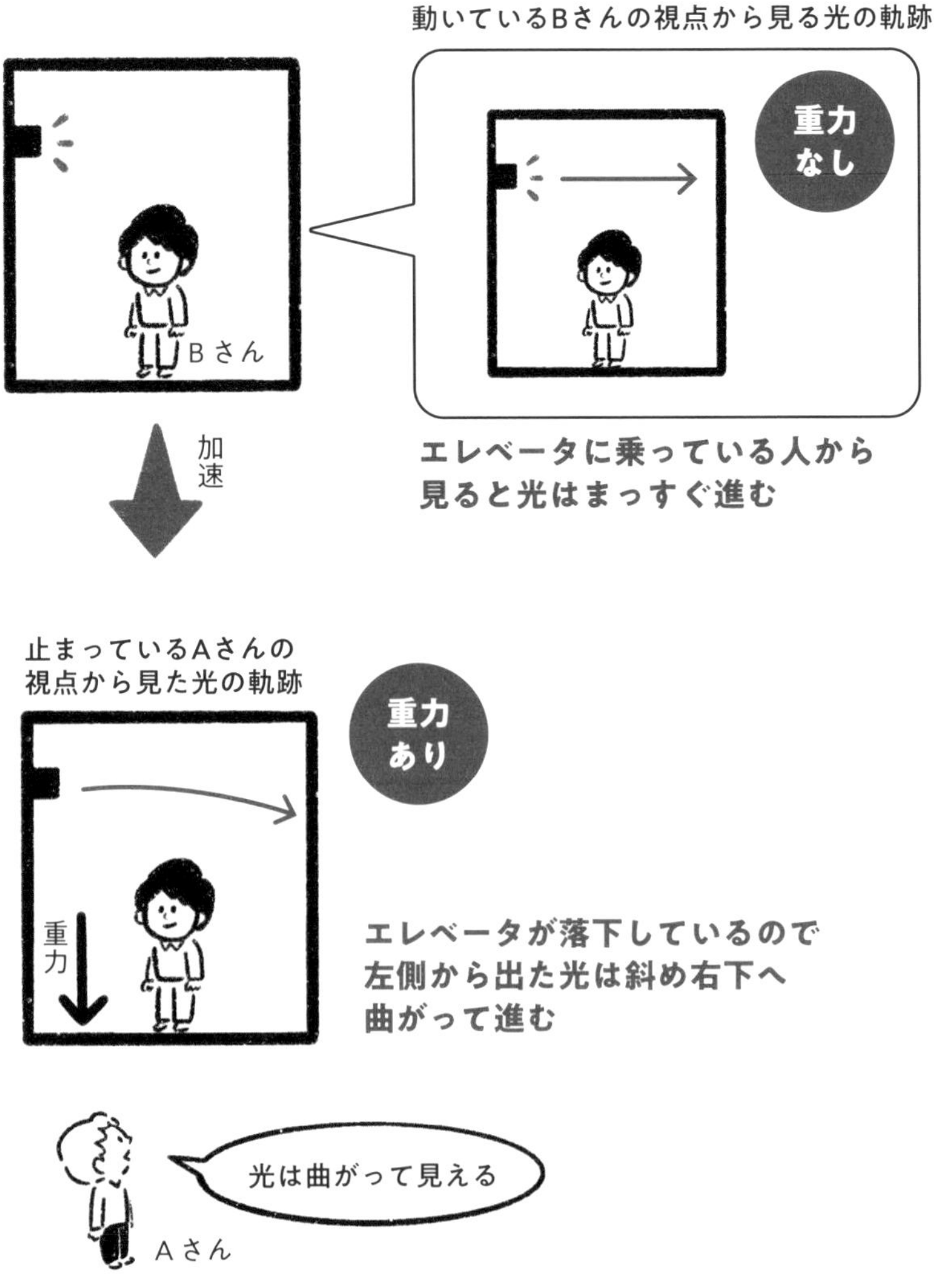

動いているBさんの視点から見る光の軌跡
Bさん
重力なし
加速
エレベータに乗っている人から見ると光はまっすぐ進む
止まっているAさんの視点から見た光の軌跡
重力あり
重力
エレベータが落下しているので左側から出た光は斜め右下へ曲がって進む
光は曲がって見える
Aさん

重力と慣性力は等価であるという「等価原理」を認めることによって、一般相対性理論のキーポイントの1つである「**光は重力によって曲がる**」という性質を説明することができます。例を見ていきましょう。

まず、地球のような重力がある場所で、紐で吊るされたエレベータを考えます。中にはBさんが乗っており、壁には光源がついています。その箱を、外からAさんが見ている状況について考えてみます。ここで、紐を切って箱の落下が始まったと同時に光源に光が灯るとしましょう。

相対性理論では、誰から見るかというのが大事でした。まず、Bさんの視点から考えてみます。落下中の箱の中では、82ページの例のように慣性力と重力が打ち消しあって無重力状態とみなすことができます。**Bさんから見ると光は光源から出て真っ直ぐに進み、反対の壁に到達するように見えます。**

では、Aさんから見るとどうでしょうか？　Aさんからは慣性力は見えず、ただ箱とBさんが落ちていっているように見えるはずです。このとき、**光は光源から出て反対側の壁に到達するのですが、このとき箱が落下している分だけ曲がって見えます。**このとき、Bさんからの視点と違っているのは「重力があるか」どうかです。つまり、Aさん、Bさんの視点から見た結果を合わせて考えると、光は重力によって曲げられている、と解釈することができるのです。

せいと

落下と同時に光を灯したら、光が下向きに曲がるのは当然ではないのですか？

せんせい

そのようなことはありません。光はもともと速度が不変です。これはつまり、エレベータがどのように動いていたとしても速度が一定のまま、水平方向に進んでいくという意味です。

せいと

重力によって光が曲がるということは、慣性力によっても光は曲がりますか？

せんせい

はい。重力と慣性力は等価なので、その通りです。例えば、加速するロケット内で光を灯すと、慣性力によって光は曲がります。

太陽の後ろにある星の光は太陽の重力で曲げられ地球に届く

～ 重力によって光が曲がることが観測された ～

観測できないはずの光の観測

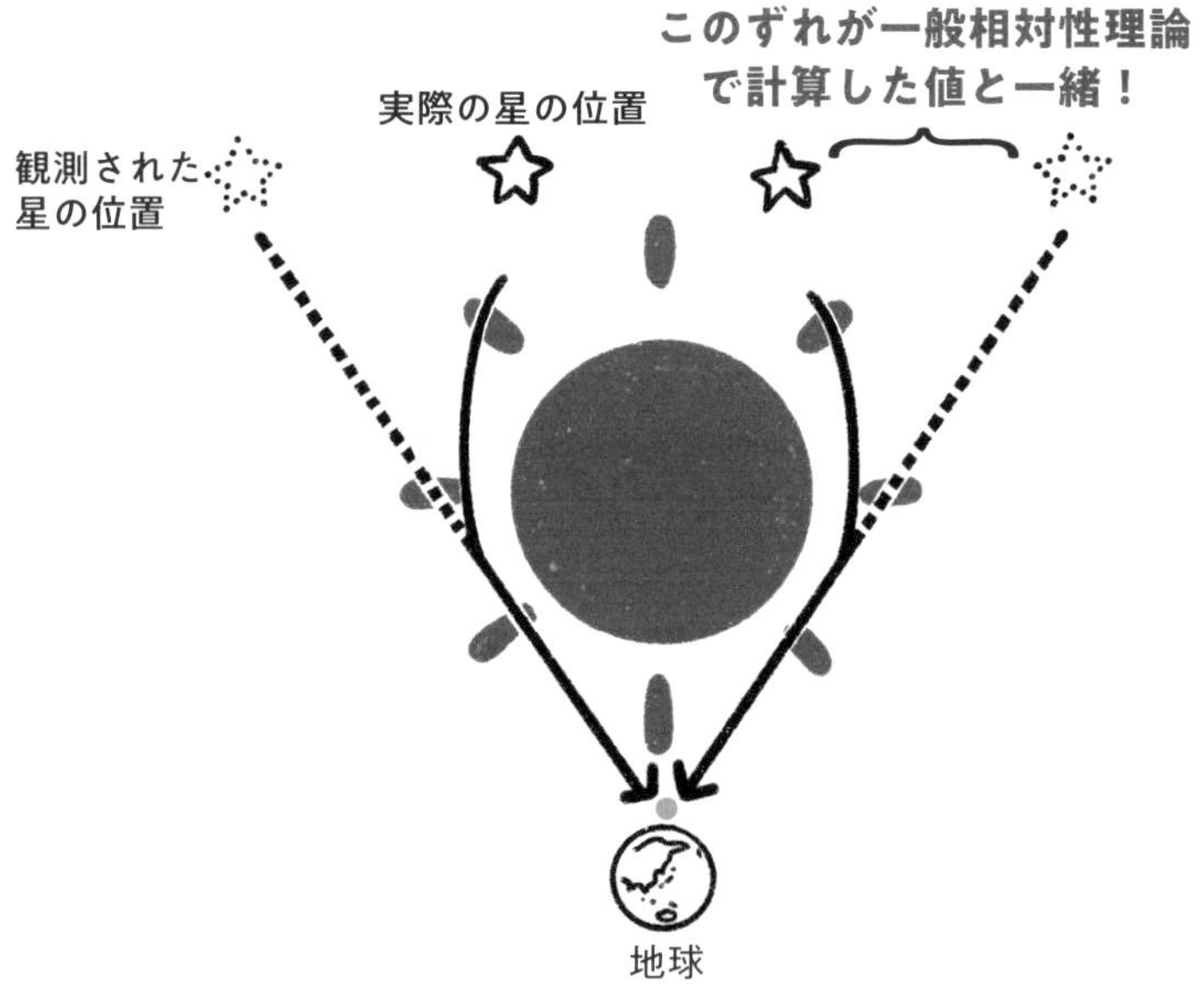

このずれが一般相対性理論
で計算した値と一緒！
実際の星の位置
観測された
星の位置
地球

重力レンズ効果

遠くの銀河からの光が重力レンズによって曲げられて地球に
届いたものを観測すると、環状や複数個に分裂した形で見える

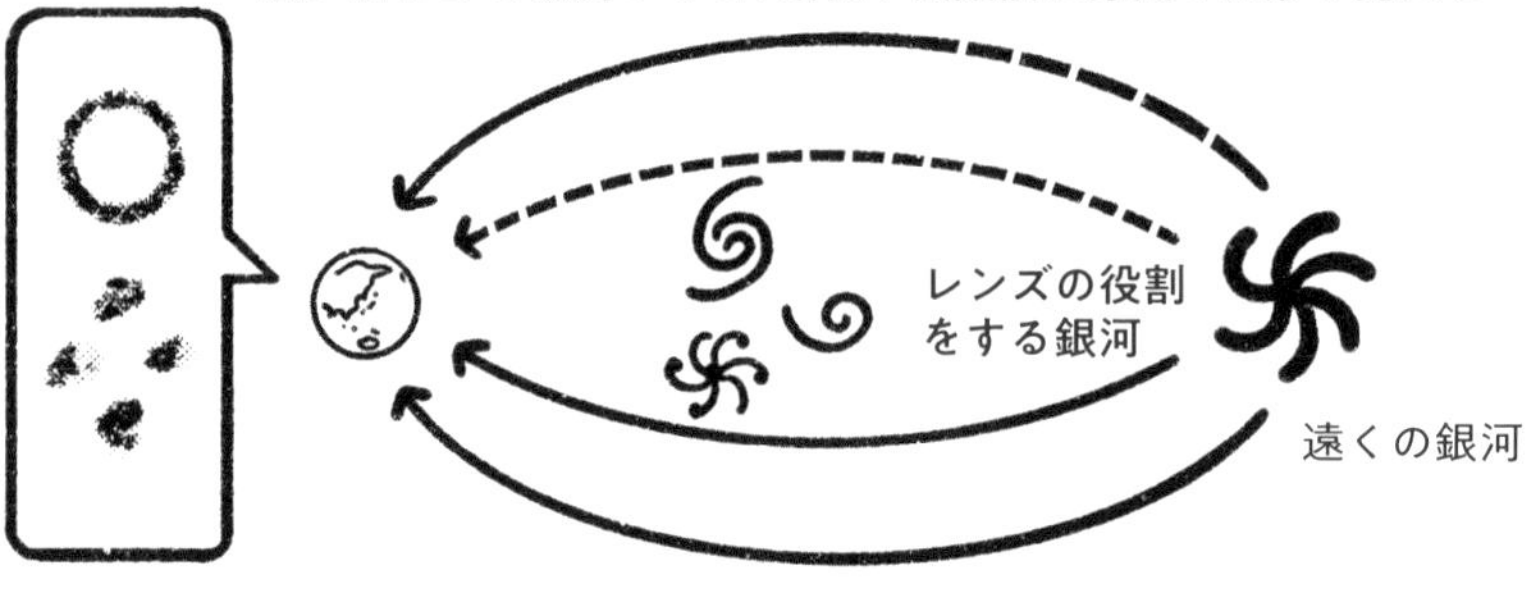

レンズの役割
をする銀河
遠くの銀河

重力レンズ効果で遠くの銀河や星を観測できる

今度は実際に行われた実験を紹介しながら話を進めていきます。

一般相対性理論を書き上げたアインシュタインの次なる課題は、その理論が現実に即しているのかを実験によって確かめることでした。

そのうちの１つが、これから紹介する**太陽による光の湾曲**です。

太陽・月・地球が一直線状に並び、月の影が地球に落ちる現象を日食と言います。太陽がすべて月に隠される皆既日食の際には、夜のように暗くなるので星空の様子を観察することができます。このとき、常識的に考えれば地球から見て太陽の後ろ側にある星の光は、地上に届くことはありません。しかし、**一般相対性理論によれば太陽の重力によって光が曲げられるために、太陽の後ろの星の観測が可能になります**。このときの実際の星の位置と観測結果とのずれを比較することによって、一般相対性理論の正しさを証明できると考えたのです。

１９１９年の日食の際、イギリスのアーサー・エディントンらは西アフリカとブラジルでそれぞれ星空の観測を行いました。その結果を比較したところ、星からの光が曲がる角度は一般相対性理論が計算で示した結果と一致しました。

この実験は、一般相対性理論の正しさが受け入れられるきっかけになりました。当時の新聞はこのことを大々的に報じ、アインシュタインは世界に認められるようになったのです。

せいと

太陽以外でも重力によって曲がった光が観測されたことはあるのですか?

せんせい

はい、あります。はるか遠くの星や銀河から出た光が、それより手前にある銀河などの重力によって曲げられ、リング状に見えたり複数個に見えたりする現象が知られています。これは「重力レンズ効果」と呼ばれています。

せんせい　せいと

なぜレンズなのですか?

手前にある銀河が重力によって光を曲げる様子があたかもレンズのようであることからそのような名前がつきました。重力レンズ効果は相対性理論の正しさを証明するだけでなく、遠くのものを観察する「レンズ」の役割としても注目されています。

重力源に近い場所ほど時間が遅れる

～ 重力が時空に及ぼす性質① ～

重力と光の関係

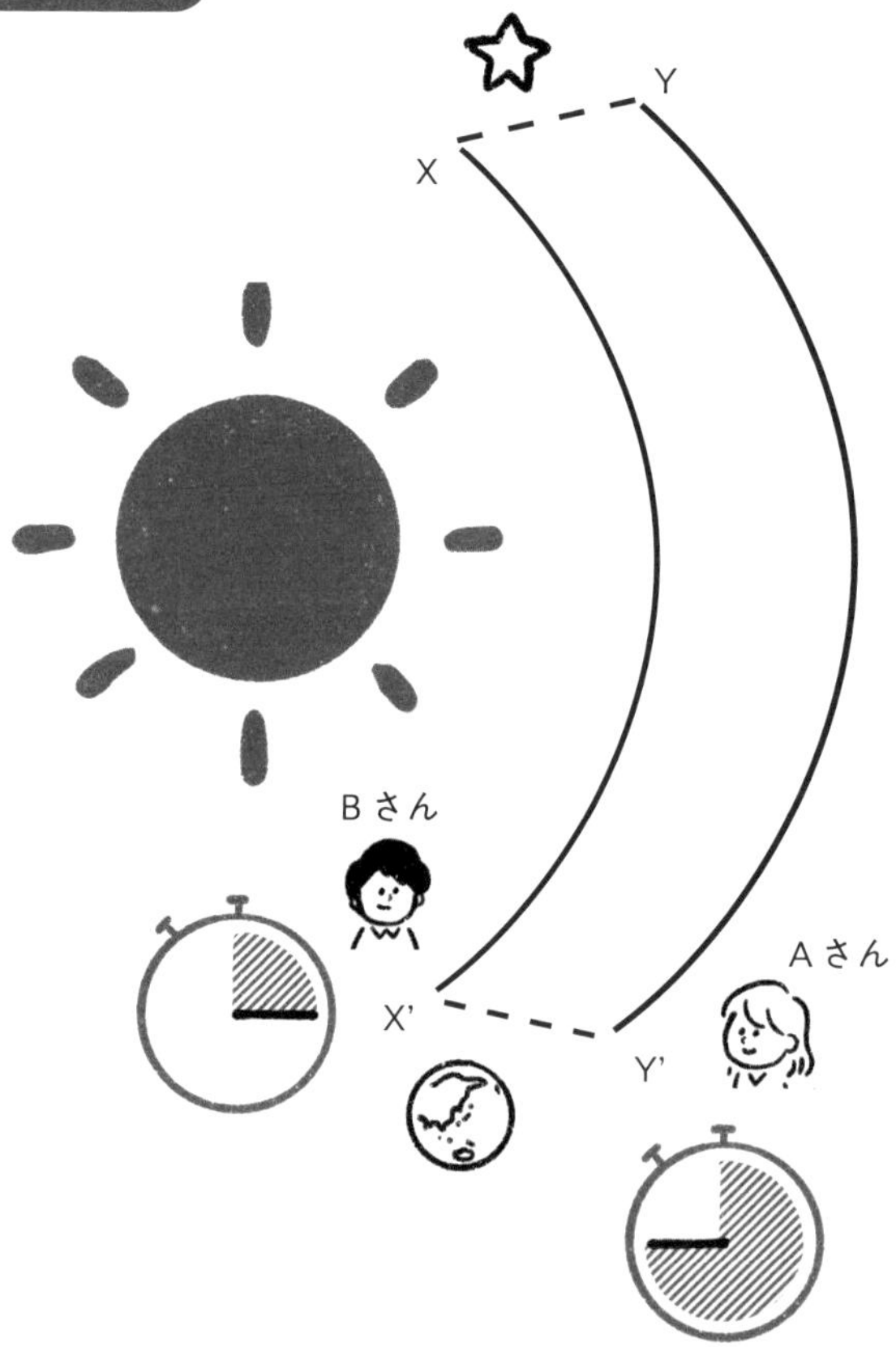

X－X'間よりY－Y'間のほうが距離が長いが、
重力源に近いほうが時間が遅れるので、
距離÷時間で導かれる光の速度は変わらない

光が曲がるということから、重力が時空に与える2つの性質について考えていきます。その2つとは、「**重力源に近い場所ほど時間の流れが遅い**」ことと、「**重力によって空間が曲がる**」ことです。まずは時間についての性質から見ていきましょう。

先ほどの、遠くからの星の光が太陽の重力によって曲げられるという状況において、光源からチューブ状の光が出ていると考えてみます。このとき、チューブ状の太陽側の経路(右図のX—X')とその反対側の経路(右図のY—Y')を考えると、太陽側のほうが進んだ距離が短くなっていることがわかります。これは光速度不変の原理に反しないのでしょうか?

結論から言えば、矛盾することはありません。理由の1つが、「重力源に近い場所では時間が遅れる」からです。光速は光の進んだ距離を時間で割った値で、チューブの内側の経路では時間が遅れているため光速度不変の原理に反しません。

これは実際の実験でも確かめられていて、地球よりも重力の影響が強い太陽の表面では、１００万分の2秒ほど地球よりも時間の進み方が遅くなっています。

ちなみに、静止していて十分遠くにいるAさんから見ると、光の速さが「見かけ上」変化しているように見えます。重力を考える場合には、光速度不変の原理は観測者の近くの狭い範囲に限られるというわけです。

特殊相対性理論では、光速に近い速さで動くものの時間が遅れていましたが、動いている人から見れば止まっている人の時間が遅れていました。重力の場合はどうなるのですか?

重力源に近いところにいるBさんから遠いところにいるAさんを見ても、自分のほうの時間が遅れて見えます。速度は相対的な値でしたが、重力源はAさん、Bさんのどちらから見てもBさんのほうが近いです。そのため、Bさんの時間が遅れるのです。

お互いさまの時間の遅れではないというわけですね!

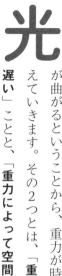

光にとっての最短距離から時空の曲がりがわかる

～ 重力が時空に及ぼす性質② ～

光の屈折

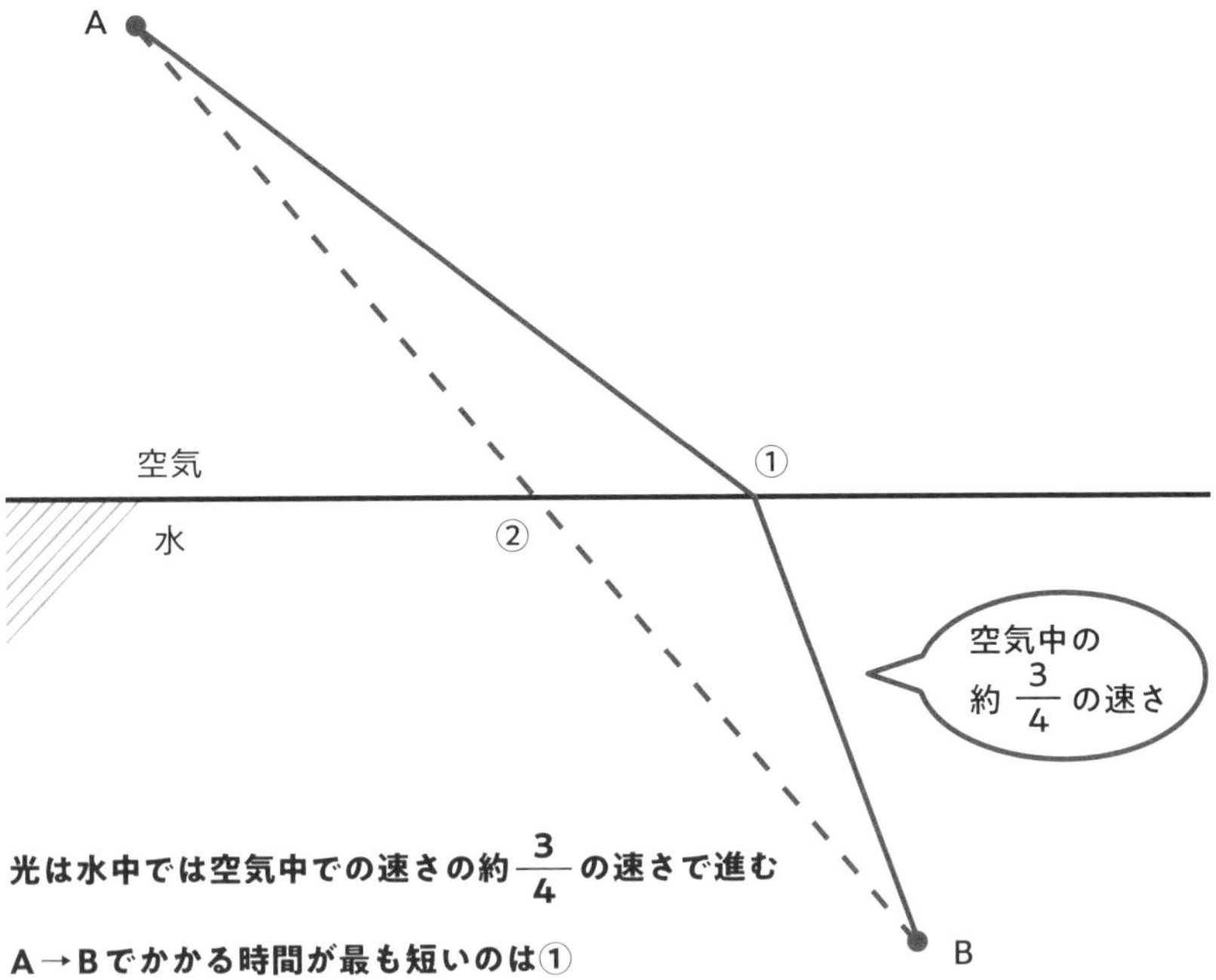

光は水中では空気中での速さの約 $\frac{3}{4}$ の速さで進む

A→Bでかかる時間が最も短いのは①

②よりも①のほうが距離は長いが、
②は水中での距離が長いので、①よりも到着が遅くなる

光は所要時間が最も短くなる経路①を進む！

では、続いて「重力によって時空が曲がる」ことについて考えてみましょう。まず光の重要な性質から紹介します。その性質とは、「**光は必ず、所要時間が最短の経路を進む**」というものです。これは、**フェルマーの原理**として知られています。

例えば、光の速さは水の中では空気中（光の速度は真空中とほぼ同じ）の約75％に低下します。そのため、光源Aから水中の点Bに進む際、最も所要時間が短くなるのは点ABを直線で結んだ経路ではありません。直進すると水中での経路が長くなり、空気中よりも遅くなるためにかえって時間がかかってしまうからです。実際は、水中の経路が少し短くなるように、屈折して進みます。

重力についての話に戻りましょう。光は所要時間が最も短くなるように進むという性質を備えているとすれば、重力によって曲がって進むのはなぜでしょうか？　それは、**重力によって時空そのものが曲がっている**からだと考えられます。

曲がった時空（3次元）はイメージしづらいので、まずは曲がった2次元を考えてみます。いきなりですが、東京からニューヨークに行く飛行機の最短経路を地図に書き込んでください、と言われたとしましょう。このとき、最短経路を結んだ線は、どのようになるでしょうか？　よくある間違いが、東京とニューヨークを直線で結んでしまう、というものです。

せいと

重力で光が曲がるのは、光が空気中から水中に進む際に起きる屈折のようなものなのでしょうか？

せんせい

いいえ、それは少し違います。屈折はフェルマーの原理の例として引いたもので、重力による光の湾曲そのものではありません。屈折が起きるのは物質によって光の伝わる速度が違うためであり、重力によって光が曲げられるのは質量が時空を曲げるからです。

せいと

東京とNYの最短経路は、地図上では直線にならないのですか？

せんせい

これは、実際に地球儀を持ってきてどの経路が一番短いのかを確認してみればわかると思います。糸やテープなどを使って最も短く結べる線を引いてみましょう。

光は曲がった時空をまっすぐ進む「まっすぐ」とは最短距離のこと

～ 重力が時空に及ぼす性質③ ～

2次元の図で考える「光」の最短距離

地球は丸いので、地球上の２点間の最短距離は
２次元の地図上で直線になるとは限らない

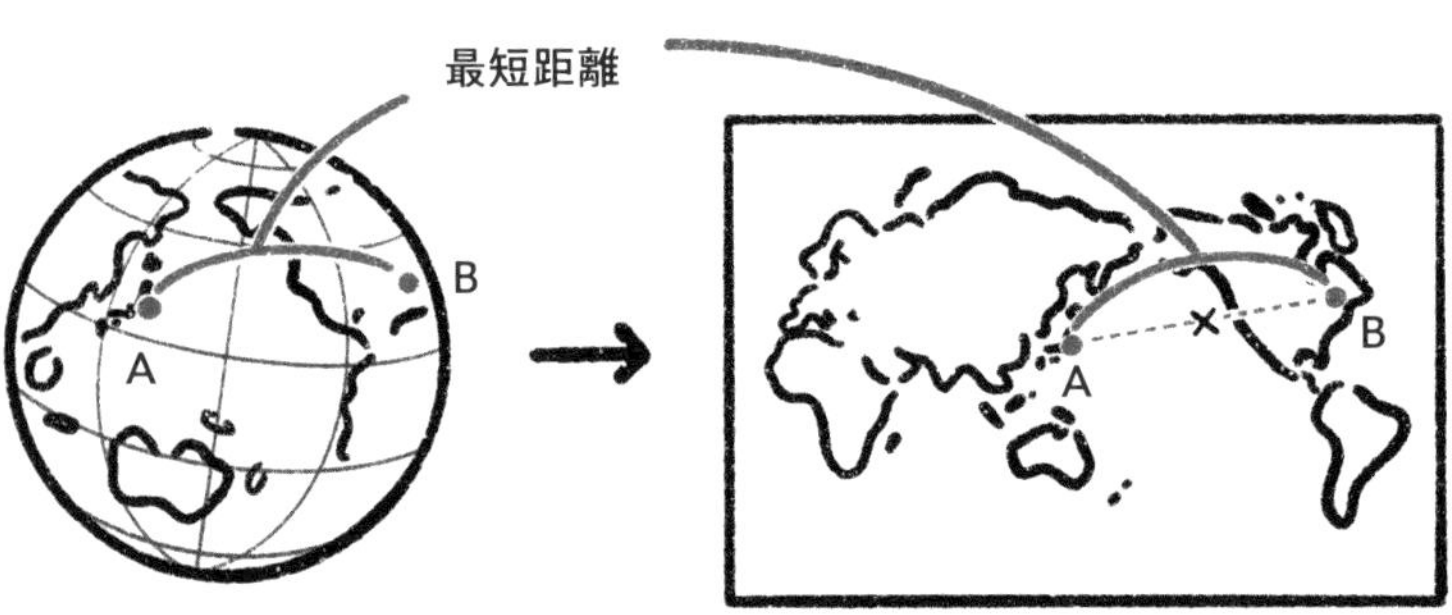

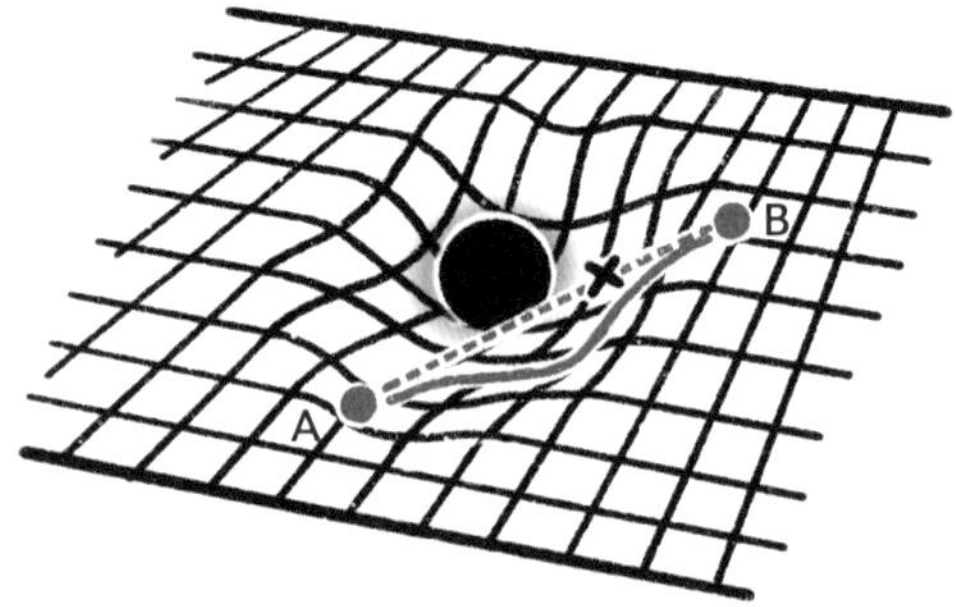

なぜ直線で結んではいけないか、それは「地球が丸い」からです。別の表現をすれば、3次元である地球上の2点間の最短経路は、2次元の地図上では直線になるとは限らないのです。同じように、重力によって曲げられた3次元空間での最短時間で済む経路というのも曲線を描くのです。

3次元空間の曲がりを目に見える形で再現するために、空間の次元を落として、2次元の図で擬似的に再現してみます。2次元の空間を網目模様のゴムシートのようなものだと考えてみてください。次に、四隅を固定したゴムシートの中央におもりを置いてみます。すると、ゴムがたわみます。このたわみが、重力が空間を曲げていることを表しています。

このシートの上で時間が最短になるように進むには、どういう進路を取れば良いでしょうか？　正解は、AとBをまっすぐに結んだ線ではなく、面のくぼみに沿って少し曲がった線です。このように、重力によって曲げられた空間では、所要時間が最も短い経路は必ずしも直線にはならないのです。

これまで、「光は重力によって曲がる」と表現してきました。しかし、**曲がった空間において直線とは「2点間を結ぶ長さが最短の線」のことです。**これは光の経路と同じです。すなわち光は曲がって進んでいるのではなく「曲がった時空の中をまっすぐ進んでいる」のであり、図では見かけ上、曲がって見えるのです。

ゴムシートが曲がるのは想像できるのですが、時空が曲がっているというのは想像がつきません。

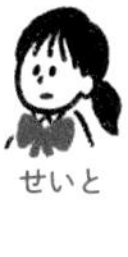
せいと

3次元の空間が「曲がって」いることを想像するのはとても難しいですよね。あえて他の表現をするのであれば、空間が「歪む」とか「むらがある」というほうわかりやすいでしょうか？　ちなみに、ゴムシートのモデルは、空間が曲がっていることのイメージがつきやすいように時間の歪みを無視した、あくまで簡易的なモデルであり、一般には不正確であることに注意してください。

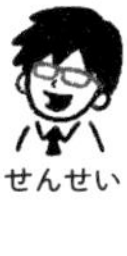
せんせい

重力とは質量が時空を曲げることがもたらす作用のこと

～ ニュートン力学との考え方の違い ～

ニュートン力学での重力の説明

✓ 物同士が引き合う力

✓ 瞬間的に伝わる

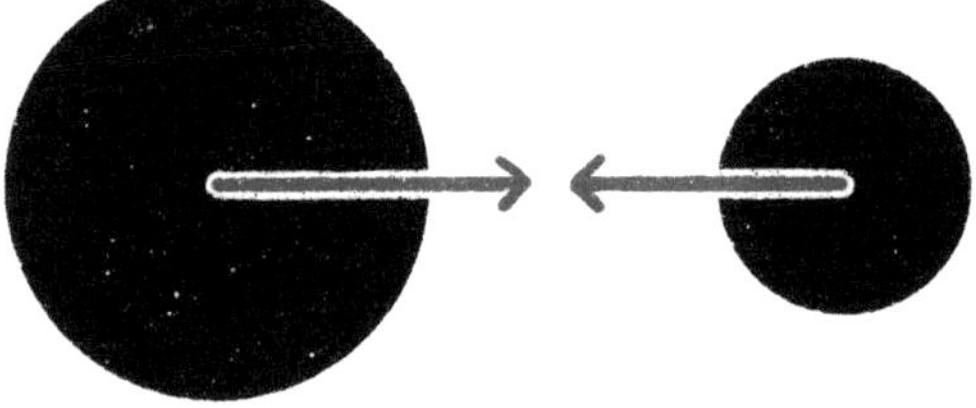

相対性理論による重力の説明

✓ 時空の曲がりが引き起こす力

✓ 光速で伝わる

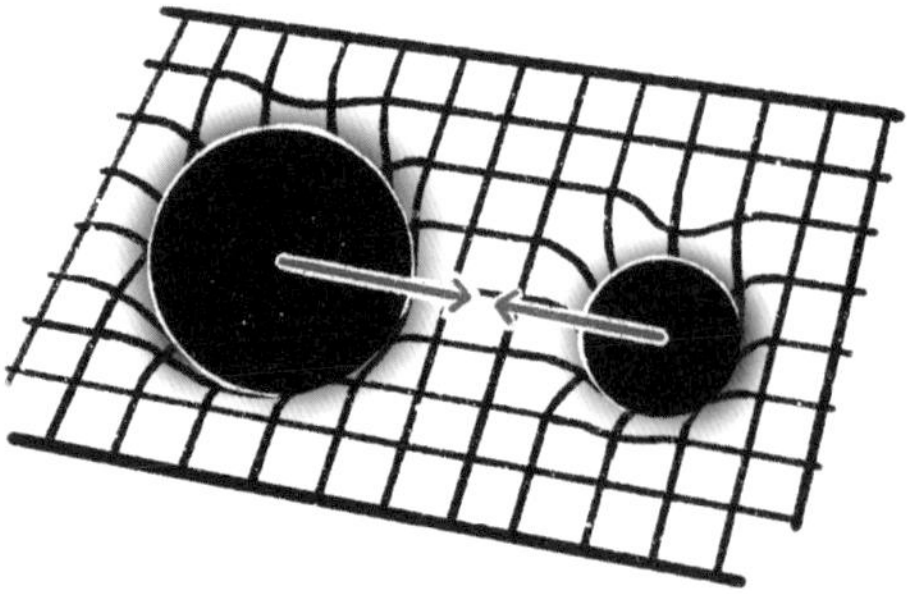

ここで改めて、一般相対性理論が扱ってきた「重力」について考えてみましょう。

ニュートン力学では、重力は「質量を持った物体同士が引き合う力」と説明されていました。また、この力は瞬時に伝わるとされていました。

これに対して**アインシュタインの提唱した重力とは、「質量が時空を曲げ、時空の曲がりが引き起こす力」という二段階でなされました。**これは一見するとニュートンと同じことを言っているようですが、考え方はまるで違います。

先ほどの格子状のゴムシートを思い出してください。このシートに、同じくらいの重さの球を2つ、離しておいたらどのようなことが起きるでしょうか？　おそらく、お互いが作った「くぼみ」に沿うようにして近づいていくはずです。これが空間の曲がりによる重力の正体です。この空間の歪みは光速で伝わることになります。

重力とは質量が時空を曲げていることがもたらす作用であることがわかりました。ここで、これまで見てきた2つの性質、重力源に近い場所ほど時間の流れが遅くなることと、重力によって空間が曲がることをまとめてみましょう。時間と空間とが切り離せないものだとして定義された時空という言葉を使うと、これまでの話は「**質量は時空を歪める**」という簡潔な文で表現することができるのです。

せいと

ニュートン力学の重力の説明と相対性理論による重力の説明の違いはわかるのですが、この違いはなぜ大切なのですか？

せんせい

例えば、ニュートン力学の説明では、重力は離れた地点に何も介さずに直接的に力を作用させていることになります。対して、一般相対性理論の説明では、あるものの重力というのはその周りに広がるようにして伝わって行きます。この広がるようにして重力が連続的に伝わるような空間を「重力場」と呼ぶのですが、そのような考え方を採用しているのです。現在では、「場」のモデルを使うほうがこの世界をよりよく説明でき、例えば宇宙のさまざまな現象を関連づけて考えることができるため、一般相対性理論による重力の解釈が大切なのです。

ブラックホール周辺では空間が歪み、重力波が広がる

～一般相対性理論が予言した2つの現象～

ブラックホール

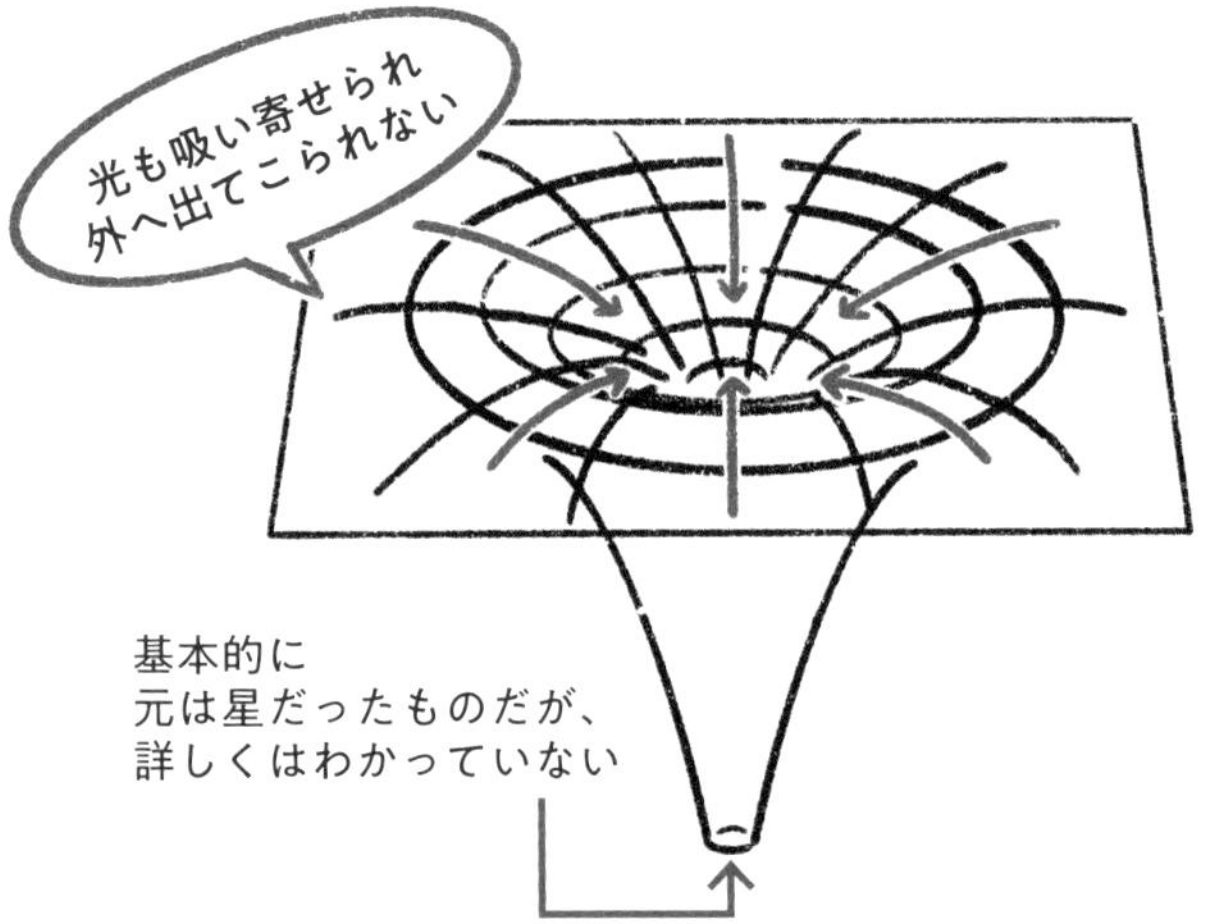
光も吸い寄せられ
外へ出てこられない
基本的に
元は星だったものだが、
詳しくはわかっていない

重力波

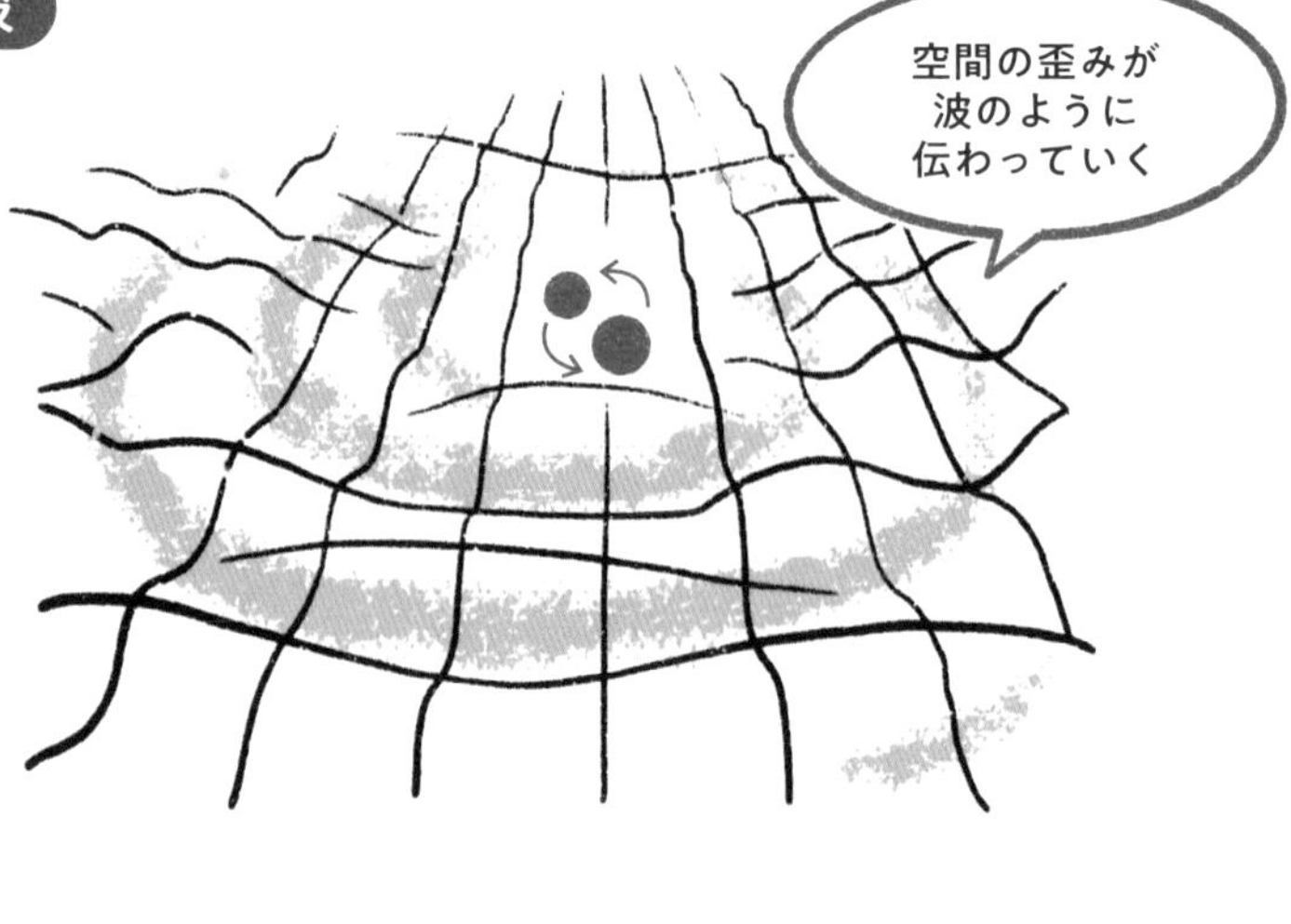
空間の歪みが
波のように
伝わっていく

先ほどのゴムシートを使って一般相対性理論がその存在を予言した2つの現象を紹介します。それが**ブラックホール**と**重力波**です。

ゴムシートに、とてつもなく重いものを置いたら、おそらく中央がグッと沈んだ形になるはずです。これがブラックホールのモデルです。**ブラックホールは質量がとてつもなく大きく、空間は大きく歪められています**。そのため、近くを通る光はブラックホールに吸い込まれるようにして進んでいきます。ブラックホールは目に見えない、まさに「黒い穴」として存在するのです。

一般相対性理論が発表された翌年、ドイツの天文学者、シュワルツシルトはこの理論を用いて、光すら脱出できなくなるほど曲がった時空の領域、今でいうブラックホールの存在を予想しました。アインシュタインは、その存在を否定しましたが、現在では実際に宇宙に存在することがほぼ明らかになっています。

重力波とはその名の通り、重力による時空の歪みが波となって広がっていく現象のことです。例えば、ゴムシートの中央で非常に重い球がお互いを追いかけるようにぐるぐると回ることを考えます。このとき、ゴムシートでは波が発生し、その波が外側へ広がっていく様子がイメージできるでしょう。これが重力波です。この時空の歪みはとても小さく観測は困難とされていましたが、２０１６年にアメリカの研究者らが初めて観測に成功し、一般相対性理論の正しさを証明しました。

ブラックホールはどのようにしてできるのですか？

せいと

一般的なブラックホールは星がその活動を終える際に、星が自分の重さを支えられなくなり極めて高密度になってブラックホールになると考えられています。

せんせい

ブラックホールの質量はどのくらいですか？

せいと

一般的なものは、太陽の10〜１００倍と見積もられています。一方で、超大質量のブラックホールも見つかっていて、その質量はなんと太陽の質量の約10億倍を超えると考えられています。

せんせい

ロケットで加速度運動した兄は その影響で弟より若くなる

～ 双子のパラドックス ～

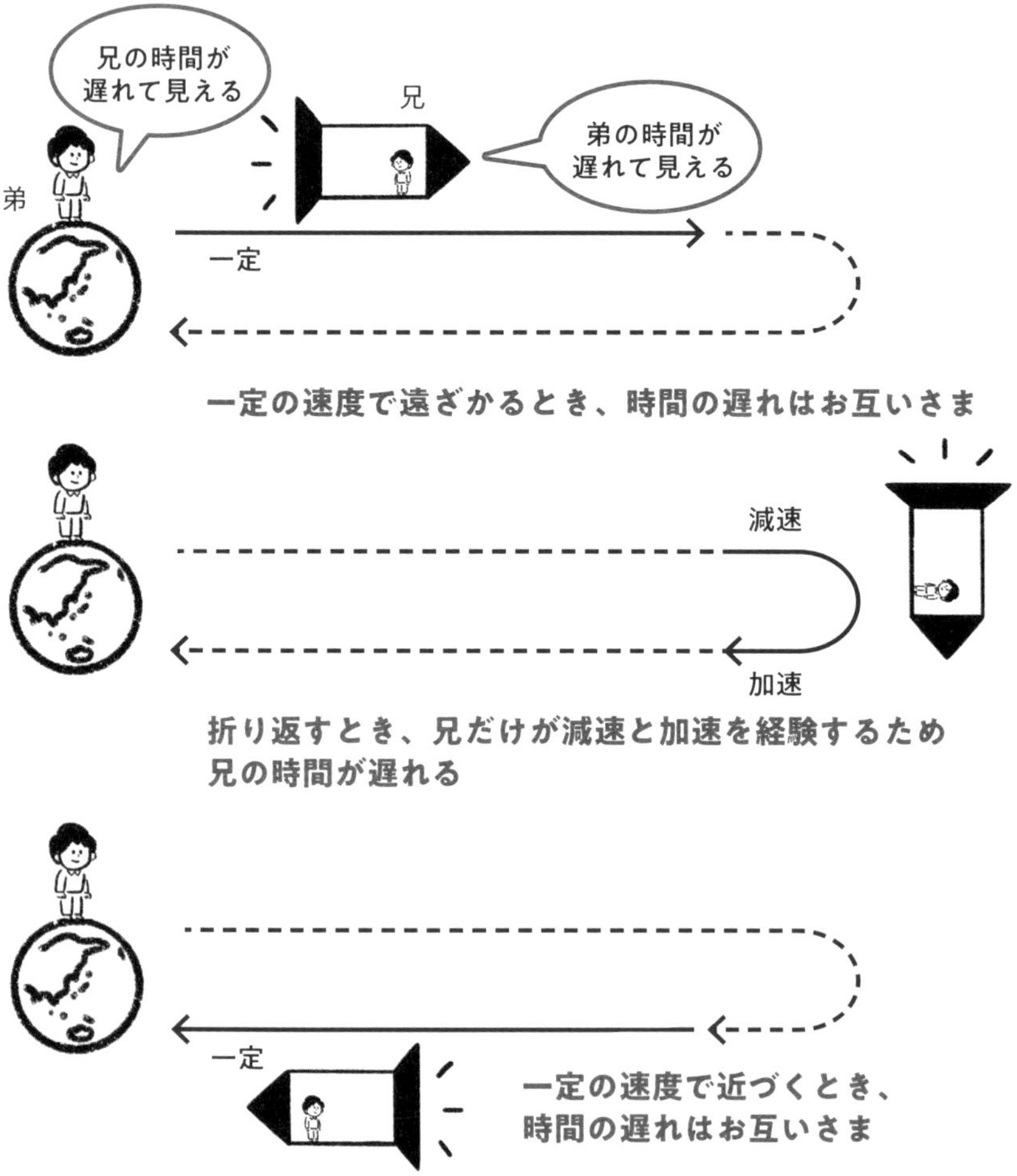
兄の時間が
遅れて見える
兄
弟の時間が
遅れて見える
弟
一定
一定の速度で遠ざかるとき、時間の遅れはお互いさま
減速
加速
折り返すとき、兄だけが減速と加速を経験するため
兄の時間が遅れる
一定
一定の速度で近づくとき、
時間の遅れはお互いさま

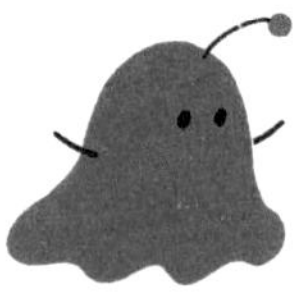

結果的に、兄に対して弟が歳を取っている！

相対性理論はすぐに一般に受け入れられたわけではありません。特に時間や空間の扱いについては当時の常識とかけ離れたものであり、理論の矛盾を指摘するような声が多く上がりました。それがいわゆるパラドックスです。現在ではすでに解決をみていますが、相対性理論の理解をさらに助けるために有名な例を1つ紹介します。それが「双子のパラドックス」です。

双子の兄は光速に近い速さで飛ぶロケットで、宇宙旅行をします。弟から見て光速に近い速さで移動する兄は弟に比べて時間が遅れるので、旅行を終えて地球に着くときには弟のほうが歳をとっているはずです。しかし、兄から見れば弟のほうが光速に近い速さで離れていくように見えるために弟の時間がゆっくり進み、地球に着く頃には弟のほうが若いはずです。どちらが正しいのでしょうか？

結論から言ってしまえば、最終的には兄に対して弟が歳をとっている状態で再会することになります。これを、一般相対性理論を使って考えてみます。ロケットが加速するときや旅行から帰るためにUターンをするとき、ロケットは「加速度運動」をしているはずです。**加速度運動で生じる慣性力は重力と等価だったので、兄と弟の距離が長いほど、弟よりも兄の時間はゆっくりと進むことになります。**これにより、その運動においてはどちらから見ても弟に比べて兄の時間がゆっくりと進むので、地球で再会する際には弟のほうが歳をとっているのです。

引き返すときに加速度が生じてしまうことが、時間の遅れに繋がっているのですよね？　だとしたら、円形にぐるっと航行すれば、再会したときは同じ歳になりますか？

せいと

いいえ。その場合も兄のほうが弟より若くなります。円運動は等速直線運動ではありません。そのため、慣性力が働いています。慣性力による時間差は遠方にいるほど顕著になり、長い時間をかけて地球方向へ折り返すことによっても時間は遅れることになります。結果として、再会時点では弟のほうが歳をとっていることになるのです。

せんせい

SUMMARY OF PART 3

第 3 章のまとめ

一般相対性理論では、重力の含まれる加速系を扱うことができます。重要な仮定は重力と加速度による慣性力は等価であるという等価原理です。一般相対性理論で重要なトピックは次の3つです。

1つ目は重力で光が曲がることです。太陽の重力で星の光が曲げられる例を紹介しました。この事実と最短経路を進む光の性質から残りの2つのトピックを理解することができるようになります。

2つ目は重力が時空を歪める点です。重力で光が曲がったように見えるのは、実は質量が歪めた時空を光がまっすぐに進むためでした。重力という概念については、質量によって時空が歪み、その歪みに沿うようにして物体同士が互いに引き寄せ合う力という説明ができます。この力は光速で伝わります。

3つ目は重力源の近くでは時間がゆっくり進む点です。光は重力源の近くで曲がり、かつ光速は一定であることから時間が遅くなっていることがわかります。この時間の遅れは質量が大きければ大きいほど、またその近くにいればいるほど大きくなります。

一般相対性理論が広く受け入れられるには時間がかかりました。しかし、太陽による光線の湾曲などニュートン力学で説明のつかなかった物理現象を正確に予想するなど、その正しさを証明する事例がいくつも見つかりました。ブラックホールや重力波も一般相対性理論によって予測され、その後、観測によりその存在が確認されています。

用語解説③

慣性力　慣性系に対して加速度運動をしている系の中で現れる見かけ上の力。止まっていたバスが前方に急発進すると乗客は、後ろ向きに力が働いているように感じる。その力が慣性力である。

重力　物体の質量によって生じる時空の歪みが、他の物体を引き寄せる作用。

無重力　重力がない状態のこと。重力の原因である星などの天体から遠く離れた空間の性質のこと。重力があっても自由落下をしている系では無重力と同じ状態になっている。

自由落下　空気抵抗や空気との摩擦を受けずに、重力の働きだけで物体が落下する現象。真空中での落下運動と等しい。

静止系　静止している系のこと。ここでの静止とは、地球に対して静止しているという意味である。しかし、地球は宇宙空間を動いているために、実際に静止しているわけではない。一方で、ニュートン力学の絶対空間は、宇宙空間に対して絶対的に静止している系を想定している。

慣性系　一定速度で動いている系のこと。等速で動く電車などを基準にした系。静止系を含む。

加速系　加速している系のこと。加速しながら動く電車などを基準にした系。

MINI COLUMN

第二次世界大戦と平和活動

ナチスが台頭してきたドイツを離れ、アインシュタインは活動の地をアメリカへと移します。1933年に渡米したアインシュタインは、プリンストン高等研究所の教授に就任しました。その頃から、アインシュタインは重力と電磁気力を結びつけた新しい理論である統一場理論の研究に熱心に取り組みました。亡くなる前日まで、計算を続けていましたが、統一場理論に関してはその努力が実を結ぶことはありませんでした。

渡米後まもなくして、世界中を巻き込んだ第二次世界大戦が勃発します。アインシュタインが発見した$E=mc^2$の公式によれば、少量の原子から莫大なエネルギーを得ることができます。そして、それが兵器として使われることは他の誰よりもアインシュタインがわかっていました。ナチスが先に原爆を開発することを恐れたアインシュタインは、物理学・生物学者のレオ・シラードの助言を受け入れ、当時のアメリカ大統領フランクリン・ルーズベルトに宛てられた原爆開発を進言する手紙に署名をします。その手紙もきっかけの1つとなり、原爆開発を目的とするマンハッタン計画がスタートしました。そして1945年8月、すでに降伏していたドイツに代わって日本に原爆が投下されました。実際に原爆が開発されていることを知らなかったアインシュタインはテレビのニュースで原爆投下の事実を知り、ドイツ語で「なんと悲しいことか」と口にしたという説もあります。

それからというもの、アインシュタインは平和活動を以前にも増して精力的に行うようになります。最も有名なものは、イギリスの哲学者バートランド・ラッセルとともに出したラッセル＝アインシュタイン宣言でしょう。これは核兵器の廃絶と科学技術の平和利用を訴えるものです。1955年4月11日、2人は核兵器廃絶を訴える呼びかけを行い、宣言に署名しました。その1週間後の4月18日、アインシュタインは腹部大動脈瘤肥大により、その生涯を閉じました。享年76歳でした。アインシュタインの亡くなった日、夜勤の看護師はドイツ語がわからず、彼の最期の言葉は永遠にわからずじまいになってしまいました。その後、日本の湯川秀樹をはじめ、当時の世界を代表する科学者9名が署名し、この宣言はアインシュタインの遺言と呼ばれるようになりました。

PART 4

相対性理論と私たちの生活

GPSの精度が良いのは相対性理論のおかげ

〜 GPS衛星の時計は地上の時計より早く進む 〜

①GPS衛星は秒速4km超なので、特殊相対性理論によると
地球の時計より1日に7マイクロ秒遅れる
②宇宙空間は地上より重力が小さいので、
一般相対性理論の影響によると
地球の時計より
1日に45マイクロ秒進む
その他、地球が真球でないこと
なども考慮して、1日に
約38マイクロ秒進む

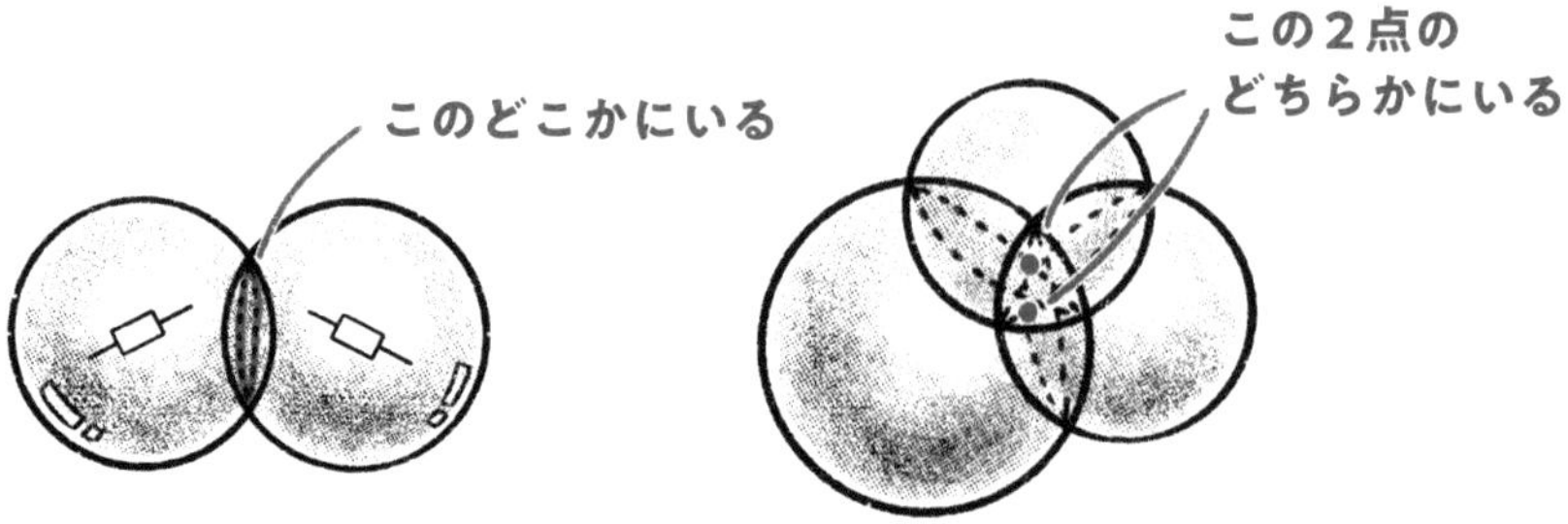
このどこかにいる
この2点の
どちらかにいる

2つの衛星がカバーする場合

3つの衛星がカバーする場合

相対性理論による時空の歪みは、光速に近い速さで動くものほど大きくなります。そのため、私たちの身の回りではその効果を実感できることは多くはありませんが、実生活に役立っていることは間違いありません。その例の1つが、GPS（全地球測位システム）です。

地球の周囲にはGPS衛星と呼ばれる衛星が飛んでいます。この衛星から地上の人が信号を受け取ると、**衛星が発信してから信号を受け取るまでの時間差によって衛星との距離がわかります。**宇宙空間での衛星の位置はわかっているので、原理的には信号を3台の衛星から受け取ることで地上の人の位置を推定することができるのです。実際には4台以上の衛星を用いて位置を推定しています。

衛星は秒速4㎞を超える速度で地球を周回しているので、地上からは特殊相対性理論によれば衛星の時間が遅れて見えます。一方、衛星が飛んでいる宇宙は地上よりも地球の重力が小さいので一般相対性理論によって衛星の時間は地上と比べて進んでしまいます。これらの影響を考慮すると**GPS衛星の時計は地上に比べて1日あたり38マイクロ秒ほど早く進む**ことになります。

光は1秒間に約30万㎞進むので、38マイクロ秒の違いは12㎞ほどのずれを生じさせることになります。**実際のGPSではこの時間のずれを考慮して補正がかけられているため正確な位置を表示することができるのです。**

せいと：複数のGPS衛星との距離から、どうやって地球上での位置を割り出すのですか？

せんせい：1台の衛星から等しい距離の地点は、球面上に広がっています。2つの衛星からの距離がわかっていれば、これらの球が重なった場所にいることになります。

せいと：ではなぜ4台のGPS衛星を使って位置を求めるのですか？

せんせい：GPS衛星の時計は原子時計と呼ばれるかなり正確な時計ですが、カーナビなどで使われているクウォーツ時計はそれに比べると精度が高くありません。その補正を行うために台数を増やし4台の衛星で位置を推定しているのです。

加速器で光速に限りなく近い速さで運動する粒子を作り出す

〜 特殊相対性理論に基づいて重くなる粒子 〜

円形加速器のイメージ

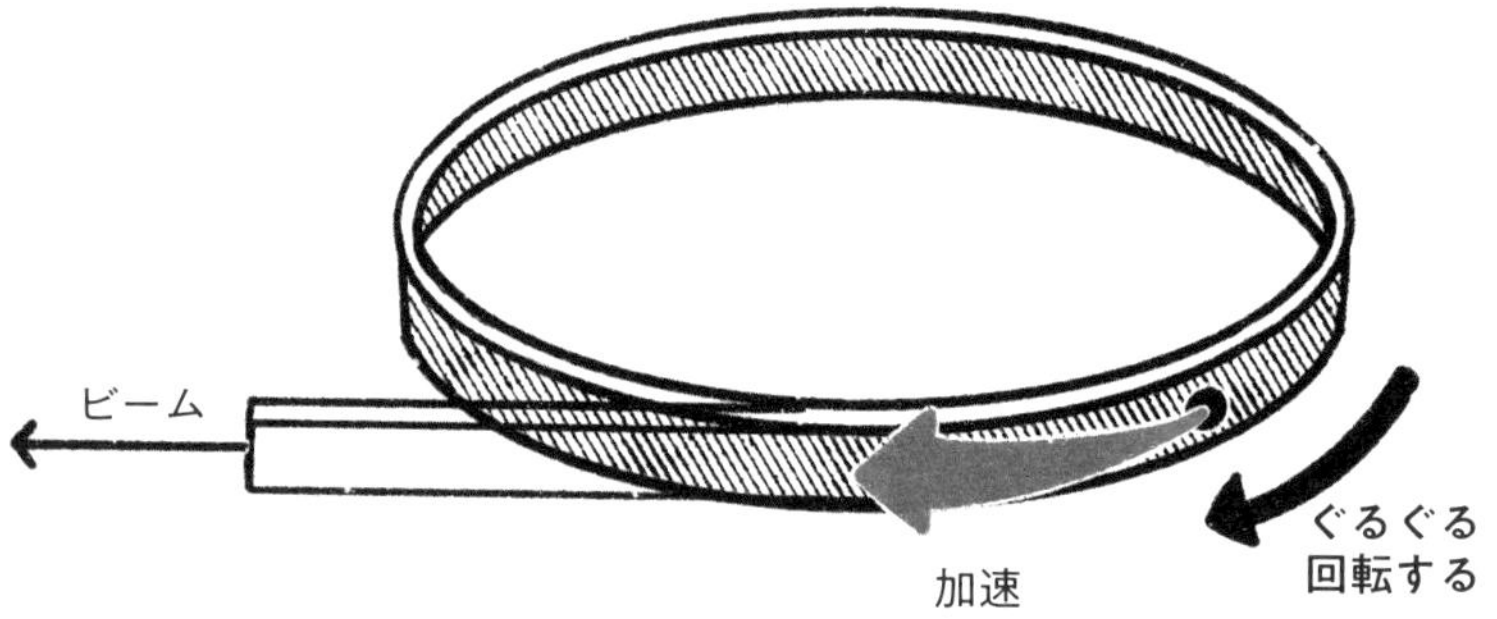
ビーム
加速
ぐるぐる
回転する

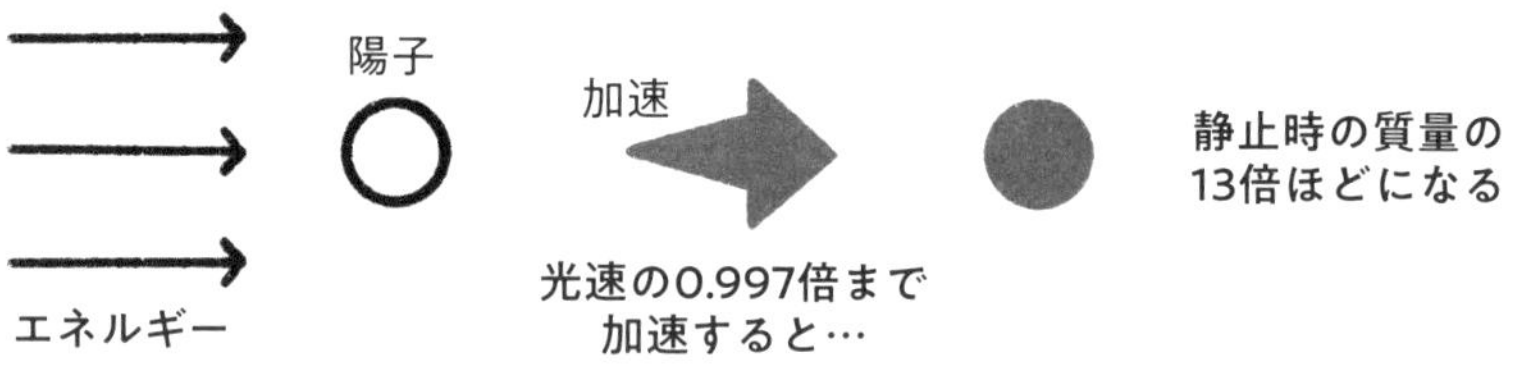
陽子
加速
エネルギー
光速の0.997倍まで
加速すると…
静止時の質量の
13倍ほどになる

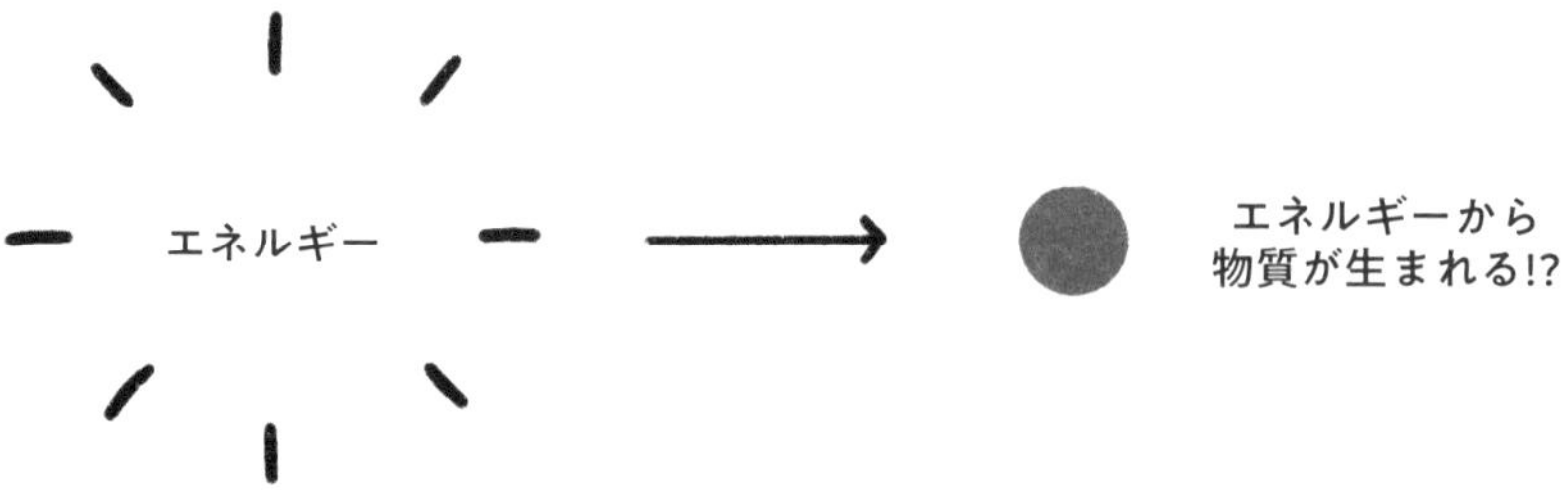
エネルギー
エネルギーから
物質が生まれる!?

特殊相対性理論の章で「エネルギーと質量の等価性」についての説明をしましたが（71ページ）、このことを実際に確かめることができる装置があります。それがいわゆる加速器です。**加速器とは、その名の通り、粒子を加速させることのできる装置です。**加速器の代表的なモデルである円形加速器は電磁石の中で粒子をぐるぐると何周もさせることでエネルギーを加え、光速に近い速さで粒子を運動させることができるようになっています。

例えば、陽子を加速器で加速させると光速の約０．９９７倍まで速度を上げることができます。**速度を速くしようとすればするほど、加えるエネルギーのほとんどが陽子の質量に変換されます。**それによって、陽子の質量は、静止した状態の13倍ほどになることがわかりました。この値は、アインシュタインが導き出した $E=mc^2$ という式から計算される値にピタリと一致しました。

加速器を利用した研究は、粒子を加速させて他の物質に衝突させることで新しい物質を生み出したり、作り出された新しい物質を利用して医療や工学に活かすことを目的の１つとしています。

また、$E=mc^2$ に従えば、エネルギーのみの状態から物質を作り出すことが可能なはずです。これは宇宙の始まりの状態から物質がどのようにできたかという謎に繋がっているとされ、この謎を解き明かすことができると期待されています。

せいと
円形以外の形の加速器もあるのですか？

せんせい
円形の他に、直線や螺旋型の加速器もあります。また、加速器はその大きさも様々で、中には全周約26・7㎞にもわたる超大型の加速器も存在し、１００㎞のものも計画されています。

せいと
エネルギーのみの状態から物質を作り出すとは、どういうことでしょうか？

せんせい
72ページで、質量とエネルギーの等価性の話をしました。核分裂反応などでは、質量そのものがエネルギーに変換されるのでした。この逆を考えてみると、ある程度のエネルギーから質量を作り出すことができると考えられます。

パラボリックフライトで作り出す「無重力」空間

〜 文字通り重力はなくなっている 〜

パラボリックフライト

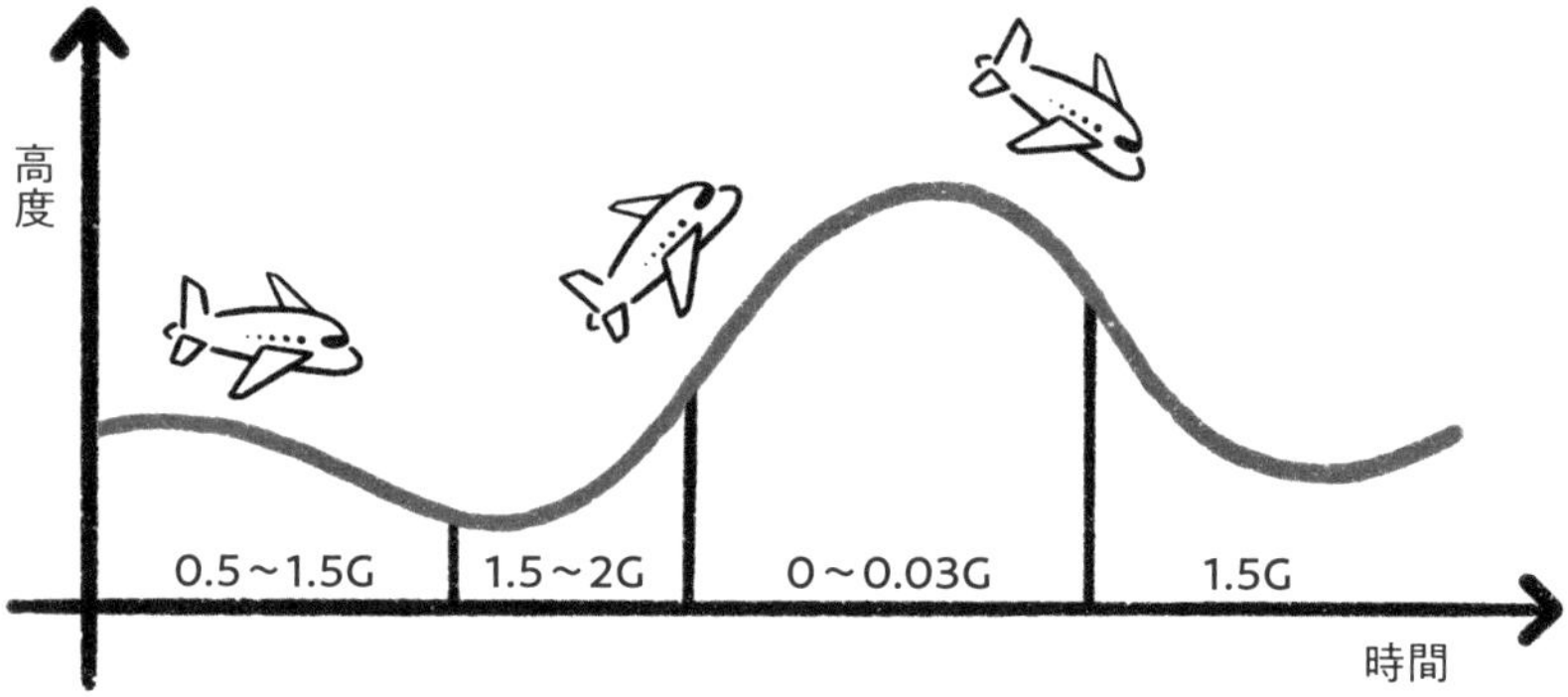

高度
0.5〜1.5G
1.5〜2G
0〜0.03G
1.5G
時間

上昇と自由落下

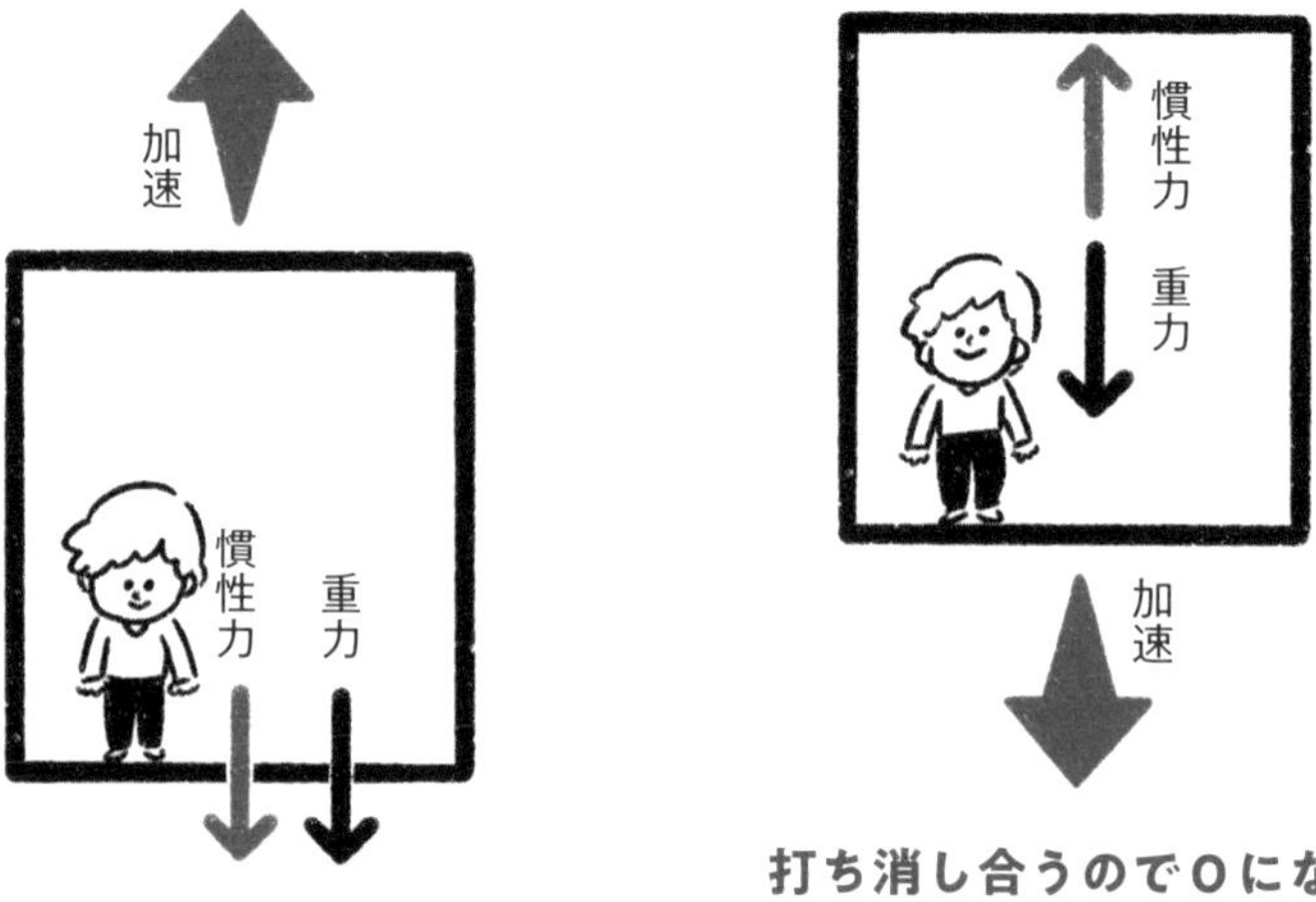

加速
慣性力
重力
慣性力
重力
加速

同じ向きなので
重力を強く感じる

打ち消し合うので0になる
=
無重力

般相対性理論で仮定したアインシュタインの等価原理（83ページ）が面白い形で表れている例があります。それが「パラボリックフライト」です。等価原理とは、「**加速で生じる慣性力は重力と区別がつかず、単なる重力と見なしてその力を相殺することができる**」という考え方でした。この考え方を応用して、宇宙に行くことなく無重力状態を作り出すのがパラボリックフライトです。

ジェット機などで高度７０００ｍ〜１００００ｍまで急上昇し、その途中からジェット機を重力に任せて降下させます。上向きの加速をやめた時点から、ジェット機は地球の重力によって下向きに加速されます。この加速による慣性力は地球の重力と相殺され、ジェット機の中は無重力状態になります。これにより、ジェット機に乗っている人は約30秒〜１分程度の無重力状態を体験することができます。このとき、ジェット機が放物線を描くようにして飛ぶため、パラボリックフライト（放物線飛行）と呼ばれています。飛び方によってはジェット機内の重力の大きさを月の重力の大きさにしたりすることも可能です。

通常のパラボリックフライトは、１回の飛行で10回程度、急上昇と急降下を繰り返します。急降下の際に無重力状態になりますが、逆に急上昇をしているときは1.5Ｇ〜２Ｇ（１Ｇは地球の重力）ほどの強い重力を感じることになります。

せんせい

自由落下をするジェット機の中にいる人にとっては、自分が無重力状態にいるのか、それとも自由落下をしているのかを区別する方法はありません。つまり、どちらも同じ「無重力」状態なのです。これは、慣性力と重力が等価であるという一般相対性原理の話そのものです。

せいと

パラボリックフライトをする目的は何でしょうか？

せんせい

パラボリックフライトは宇宙飛行士の訓練のために行われたり、無重力状態での実験などの目的で実施されることが多いようです。

約138億年前の宇宙の始まりの姿をとらえる

～「宇宙の誕生」を探る議論～

アインシュタイン方程式

$$R_{\mu\nu} - \frac{1}{2} R g_{\mu\nu} + \Lambda g_{\mu\nu} = \frac{8\pi G}{c^4} T_{\mu\nu}$$

時空の状態　　宇宙項　　宇宙の物質の運動量とエネルギー

宇宙に適用すると、現在の宇宙から過去の宇宙、未来の宇宙の姿が導き出される

宇宙項がないと…

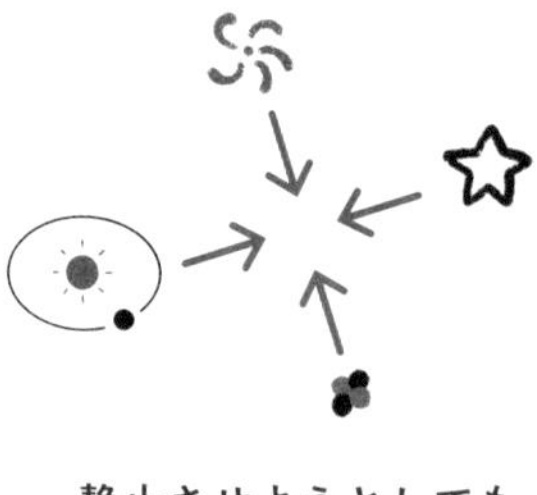

静止させようとしても
重力によって
宇宙が縮んでしまう

宇宙は収縮も
膨張もしない

ニュートンが「絶対空間」や「絶対時間」の概念を持ち出す以前から、私たちにとって空間や時間はつねに存在するものでした。そのため、物理学では宇宙の存在は前提とされ、その始まりを議論するのは主に哲学の領域とされていました。しかし、相対性理論が時間や空間の概念を新たにしたため、改めて**「いつ、どこで、どのようにして宇宙は始まったのか」**という問いが生まれました。このような議論を**「宇宙論」**と呼びます。

一般相対性理論では、時空とエネルギーの関係を表す方程式はアインシュタイン方程式と呼ばれています。この式ではそれまで単なる「容器のようなもの」と思われていた時間や空間と、物質・エネルギーがイコールで結ばれている点が特徴です。この式を宇宙全体に適用することで、宇宙の始まりの時点の時空の状態と物質やエネルギーの関係を知ることができるのです。

アインシュタインはこの式に、「宇宙を一様で等方」とし、さらに「宇宙は時間的に収縮したり膨張したりしない」という仮定を置いて解こうとしました。しかし、一般相対性理論で登場する重力は引きつけ合う力しかないため、そのまま放っておくと宇宙は縮んでいくことになり、「宇宙が収縮しない」という仮説に反します。そのため、**アインシュタイン方程式の中に「宇宙空間の反発し合う力」を加えて力のバランスを取りました。**この項は「宇宙項」と呼ばれています。

本文中の「宇宙を一様で等方」とするという意味がよくわかりません。

せいと

宇宙が一様であるとは、宇宙空間においてどこにも特別な場所は存在しないということです。これはつまり、大きな視点で見れば密度や温度などは宇宙全体で同じであることを意味しています。また、宇宙が等方であるとは、宇宙には特別な方向がないということです。これは、宇宙空間では上下や東西などの決まった方向は存在しないということです。

せんせい

宇宙はどこでも同じで、中心や端などはない、ということですか？

せいと

その通りです！

せんせい

宇宙の始まりは無
インフレーションから星の誕生まで

～ ビッグバンと宇宙誕生の姿 ～

ビッグバン宇宙論

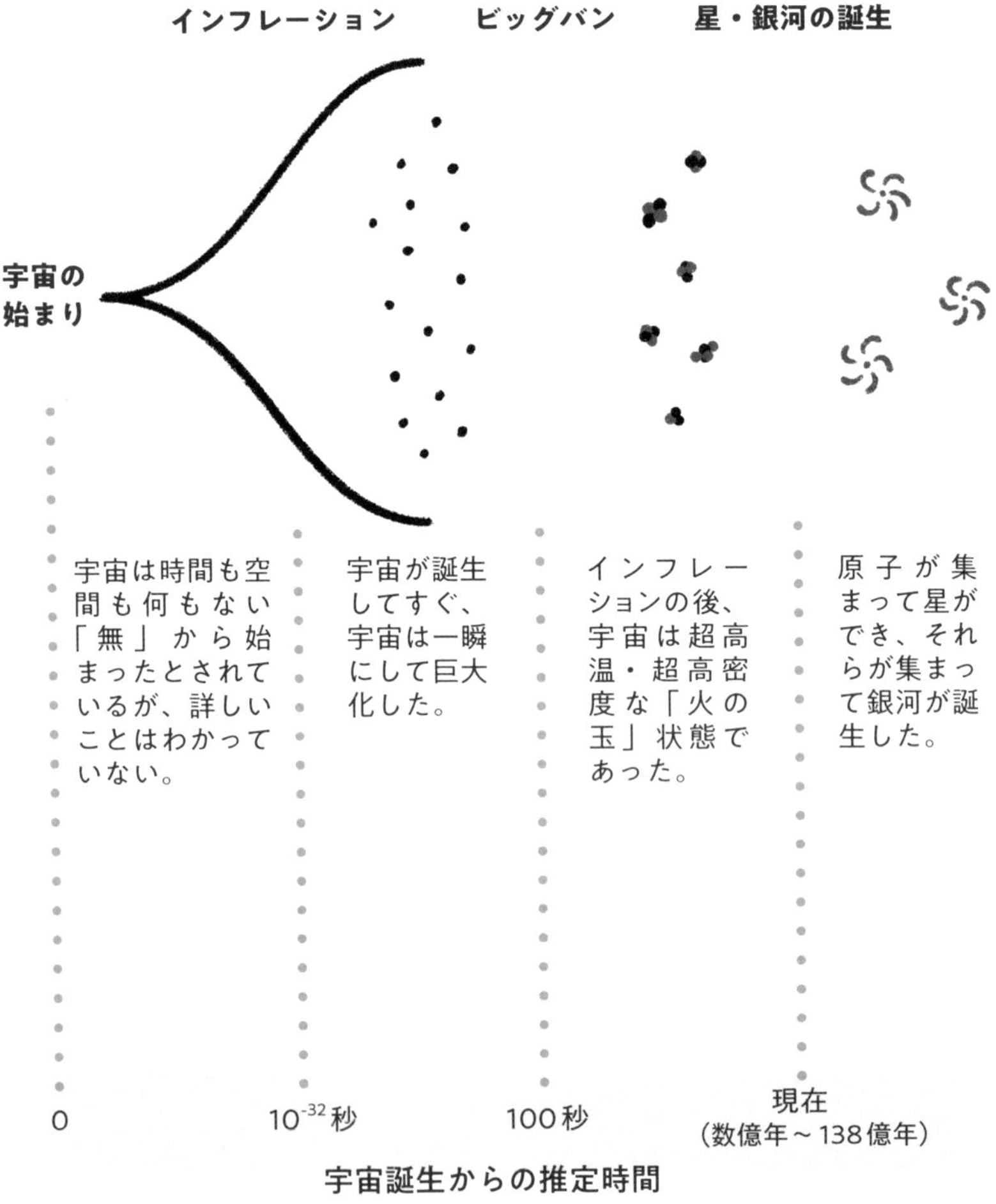
インフレーション
ビッグバン
星・銀河の誕生
宇宙の始まり
宇宙は時間も空間も何もない「無」から始まったとされているが、詳しいことはわかっていない。
宇宙が誕生してすぐ、宇宙は一瞬にして巨大化した。
インフレーションの後、宇宙は超高温・超高密度な「火の玉」状態であった。
原子が集まって星ができ、それらが集まって銀河が誕生した。
0
10^{-32}秒
100秒
現在
(数億年～138億年)
宇宙誕生からの推定時間

アインシュタインは、宇宙は収縮も膨張もしないという仮定を置き、方程式を解きました。しかしその後、**アインシュタイン方程式を解くことで宇宙が膨張しているという結果が得られる**と主張するフリードマンやルメートルが現れました。アインシュタインは初め、これを認めませんでしたが、後にハッブルによる天文観測などによって宇宙が膨張しているという証拠が見つかり、**「宇宙項」**を入れた自身の説を取り下げました。

宇宙が膨張しているという事実を逆に考えれば、過去に遡れば宇宙は小さな点のような状態であったことが予想できそうです。このようにして考えられた宇宙の始まりについての理論をビッグバン宇宙論と言います。この理論によれば、誕生したばかりの宇宙は温度が高く、高密度な火の玉の状態(ビッグバン)だったとされます。この火の玉状態の宇宙が広がりながら物質の元になる原子をはじめ、星や銀河などを誕生させていったと考えられています。

最近では、さらにその前の状態についての議論がなされています。**宇宙の始まりは〝無〟であり、そこから「インフレーション」と呼ばれる急激な膨張を起こしてビッグバンの状態になったという説が一般的になってきています**。しかし、宇宙の始まりやその進化についてはまだまだわかっていないことや確定的でない部分が多くあり、研究が進められています。

せんせい

宇宙項はもともと、重力によって宇宙が収縮しないために導入された、宇宙を広げる向きに働く力でした。アインシュタインが生涯で最大の過ちとしたこの宇宙項ですが、現在の宇宙の膨張が加速していることが観測で明らかになるにつれ、宇宙を広げる力というのはこの宇宙項が果たしていた役割そのものであることがわかりました。

せいと

宇宙が広がっていくことは、どうやってわかるのですか？

せんせい

望遠鏡で宇宙を観察したとき、遠くにある銀河ほど速いスピードで遠ざかっていることがわかったのです。これはつまり、宇宙が膨張していることを示しているのです。

未来に行くことは簡単にできる?
ブラックホールを利用した時間旅行

～ 相対性理論とタイムトラベル① ～

タイムトラベルのしかた“未来編”

①ロケットを用意します。

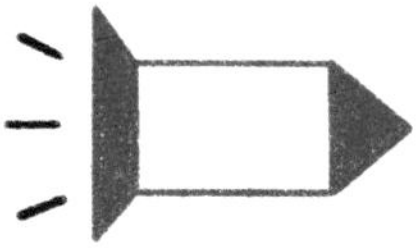

②ブラックホールの近くまで行き、その周りを周回します。

時間が
遅れる

③十分に時間が経ったら地球に帰還します。

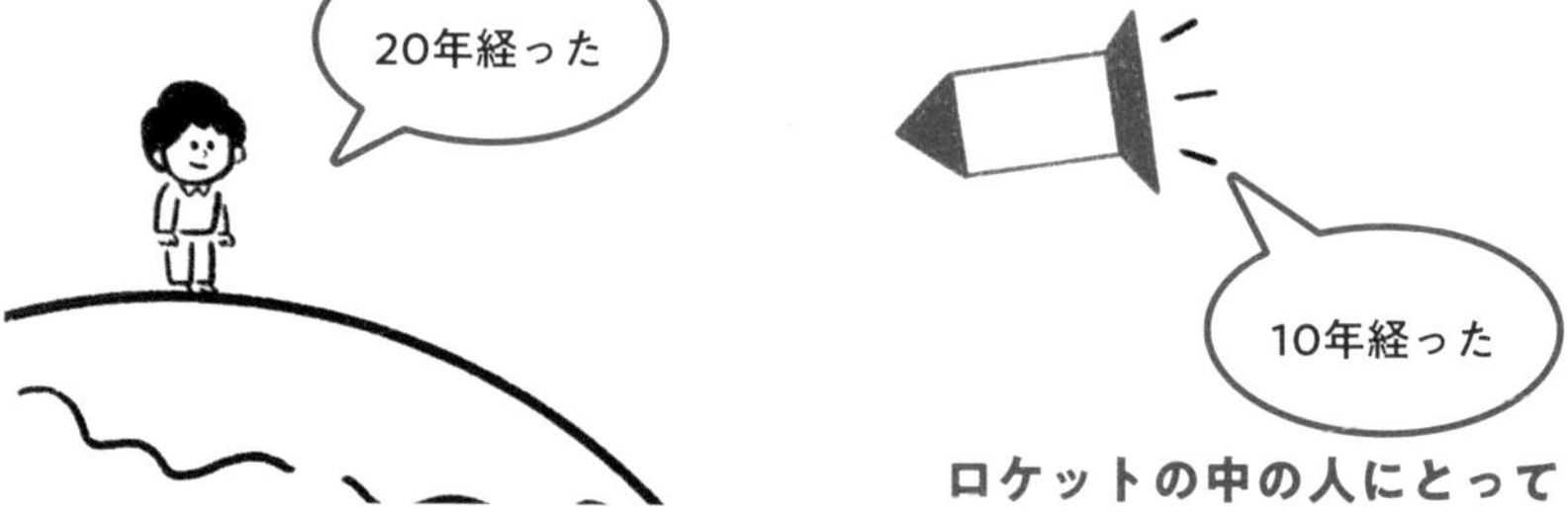
20年経った
10年経った

ロケットの中の人にとって
10年後の未来に行ける

般相対性理論によると、重力の強いものの近くでは時間の進み方が遅くなります。この現象を利用することで、なんと未来への時間旅行ができることがわかっています。

宇宙には、強い重力を持つ天体であるブラックホールが存在します。ブラックホールに近づくほど時間の進みは遅くなり、その表面では時間の進みが完全に止まってしまうと考えられています。ブラックホールの表面は、「それ以上近づくと、光ですら内部に取り込まれてしまう境界面」です。そのため、ブラックホールは文字通り「真っ暗な穴」のようなものだと考えられています。

時間旅行の方法は単純で、**ロケットなどでブラックホールの近くまで飛んでゆき、飲み込まれないように注意しながらその近くにいる**だけでいいのです。ブラックホールの近くでは時間の流れが非常に遅いので、例えばロケットの乗組員にとっての10年は、地球の20年に相当するという状況を作り出すことができます。このロケットで地球に帰れば、約10年後の未来に行くことになるわけです。

地球から気軽に行けるような近さにブラックホールがないこと、ブラックホールに飲み込まれるリスクがあることなど、現実的ではありません。しかし、将来的にロケットの技術が向上するなどすれば、理論的には実現可能であると考えられています。

せいと

一番近いブラックホールまではどのくらい離れているのですか？

せんせい

２０２０年現在、もっとも地球に近いブラックホールまでは、約１０００光年とされています。銀河系の直径が10万光年以上あることを考えると、驚くべき近さと言えるでしょう。

せいと

この方法だと、未来へ行ったきりで過去へ帰ることができないですよね？　これでは時間旅行という感じはしないですね？

せんせい

その通りですね。未来へ行く方法は簡単に言ってしまえば「時間をゆっくり進める」ことで可能になりますが、過去へ行くには時間を巻き戻さなくてはいけません。そのため過去に行くのは難しいのです。

空間の曲がり ワームホールでワープが可能に?

〜 相対性理論とタイムトラベル② 〜

ワープのイメージ

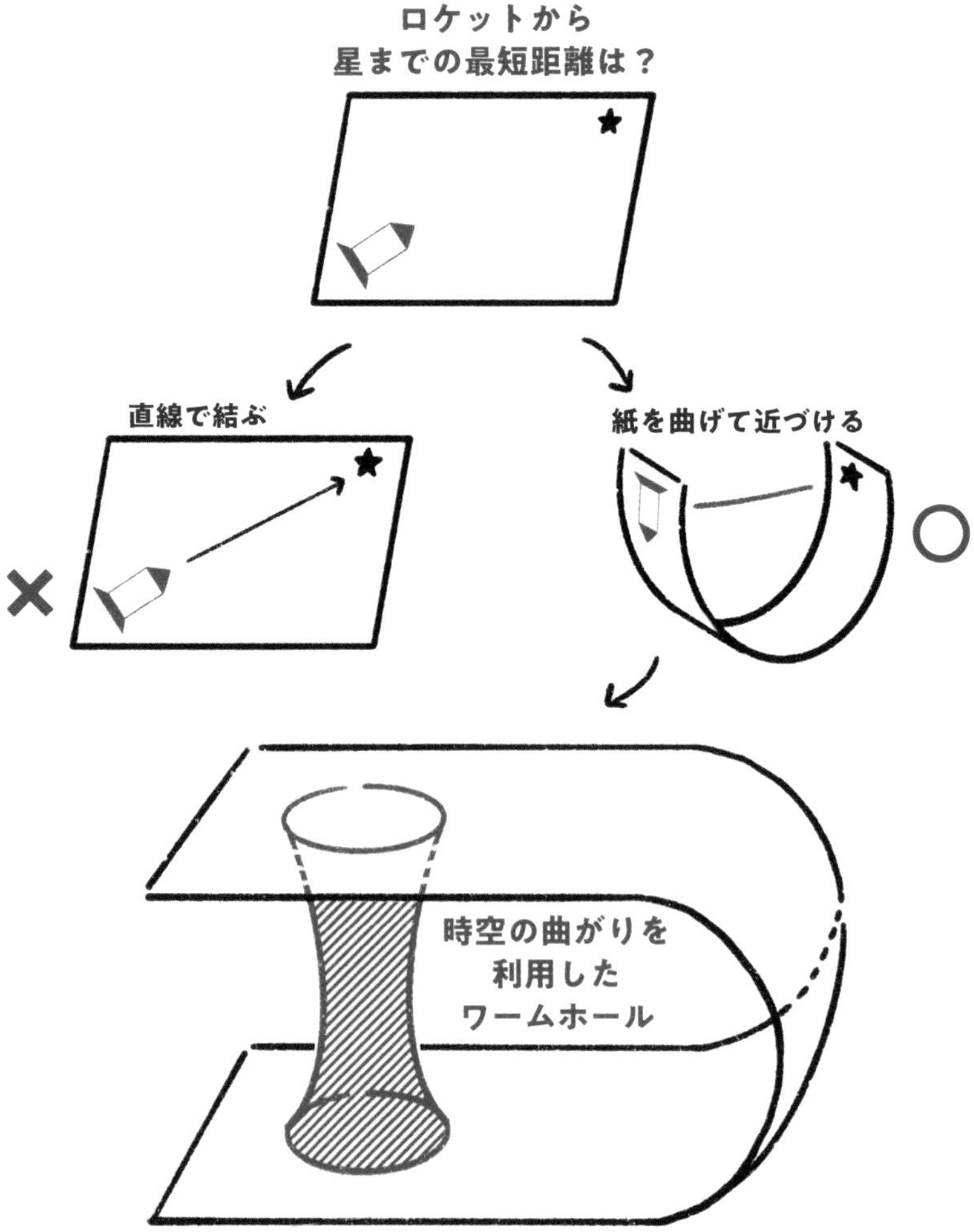
ロケットから
星までの最短距離は？
直線で結ぶ
×
紙を曲げて近づける
○
時空の曲がりを
利用した
ワームホール

未来へのタイムトラベルは、可能であることがわかりました。では、その反対に過去に行くことはできるでしょうか？「理論的には可能であるかもしれない」というのが現在の物理学の見解のひとつです。

1988年に、アメリカの物理学者、キップ・S・ソーンは「ワームホールを使えば、理論上は過去へのタイムトラベルができるようになるかもしれない」という趣旨の論文を発表しました。ここで、まずはタイムトラベルの鍵を握る、ワームホールという考え方について紹介していこうと思います。

話を簡単にするために、3次元の宇宙空間を2次元上の紙のようなものと考えてください。左端にロケットを、右端に目的地の星を描きます。ロケットから星まで、最も早く行くにはどのようにすれば良いでしょうか？ 常識的に考えれば、ロケットから星まで直線を引いて、それに沿って進むのが一番早いはずです。

しかし、実はもっと早く行く方法があります。それは、**紙を曲げて右端と左端を近づけてしまうのです。**こうすればロケットと星の距離をほとんど0にすることもできます。このように、**離れて存在する2点が空間の曲がりを利用して繋がった穴をワームホールと言います。**ワームホールを通って行けば、ショートカットをして移動をすることも可能です。空間が曲がることは、すでに一般相対性理論でも触れられています。

SFなどでよく、ある地点から別の地点までワープ（超光速航法）をするシーンがありますよね。その中でも代表的な方法として描かれることが多いのが、ワームホールを使ったやり方です。時空の曲がりを利用して、別の地点まで一瞬で移動するのです。

せんせい

ワームホールを使ってワープをすることは、本当に可能なのでしょうか？

せいと

現在の物理学では、ワームホールはできた瞬間に崩壊してしまうと考えられています。また、できたとしても原子ほどの大きさのものも通り抜けられないのではないかとも言われています。もしワームホールによるワープができるとしても、実現にはまだまだ想像を絶するほどの時間がかかりそうです。

せんせい

過去への時間旅行の足掛かり ワームホールを使って時間差を作る

～ 相対性理論とタイムトラベル③ ～

タイムトラベルのしかた“過去編”

①ワームホールを用意します。

②ワームホールの一方の出入口をブラックホールの近くに持っていくなどして、時間差を作ります。

時間が遅れる
地球
ブラックホール

③地球の近くに持ってきたワームホールを通過することで過去への時間旅行ができます。

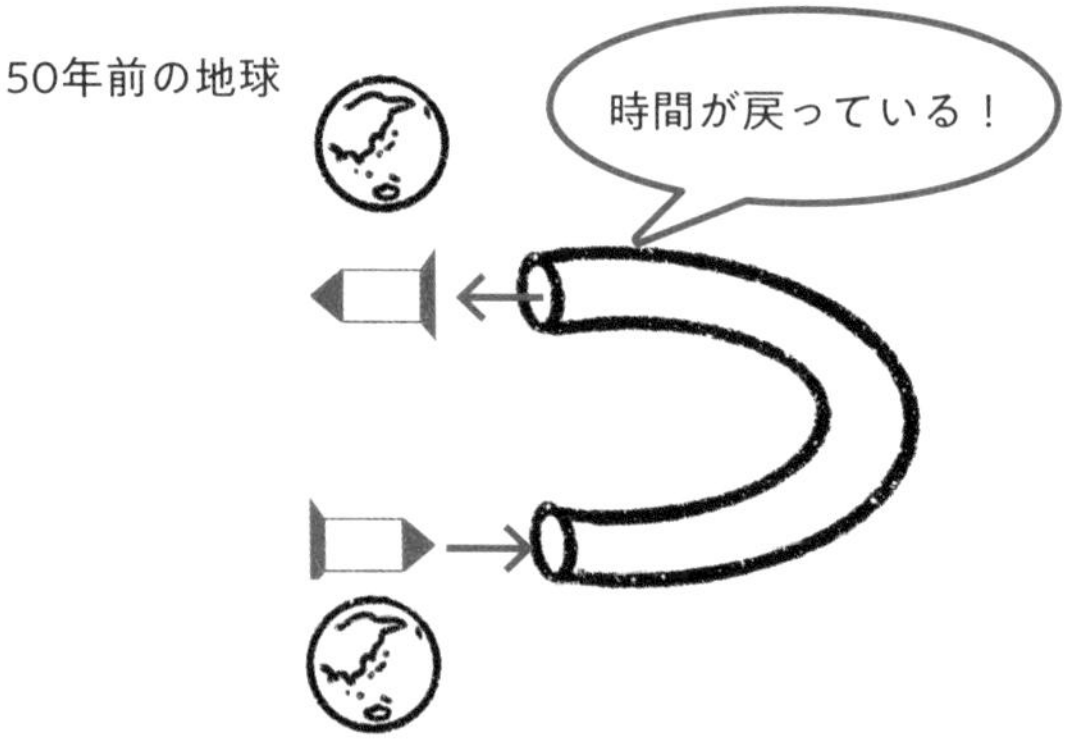
50年前の地球
時間が戻っている！

ワームホールの概念自体は、アインシュタインと彼の共同研究者であるネイサン・ローゼン（1909-1995）によって論じられていました。この2人の名前をとって、当初は「アインシュタイン-ローゼン橋」と呼ばれていました。ワームホールは一般相対性理論とは矛盾はしていませんが、実際に宇宙に存在しているかどうかについてはまだわかっていません。

仮にワームホールが存在するとすれば、過去への時間旅行が可能になるかもしれません。やり方は簡単で、ワームホールを1つ用意します。そしてその一方の出入口を例えばブラックホールの近くに持っていくなどして双方の出入り口の間に時間差を作り、また地球の近くに持ってきます。ブラックホールの近くでは時間の進みが遅くなるので、ずっと地球の近くにあった出入口では2100年、ブラックホールの近くにあった出入口では2050年、という状況が起こり得ます。そこで、ブラックホールの近くにあった出入口から入り、地球の近くにあった出入口から出れば2050年にタイムスリップすることができるというわけです。

この話は、現代の技術力では解決できない問題をいくつも抱えています。例えば**ワームホールはミクロの世界で、一瞬しか存在できない**と考えられています。また、**過去に関わることが現在に及ぼす影響などには議論の余地**があります。いずれにせよ、過去への時間旅行の実現は長く険しい道のりになりそうです。

相対性理論によれば、タイムトラベルは原理的に可能なのでしょうか？

より正確に言えば、現在わかっていることは「相対性理論はタイムトラベルを禁止してはいない」ということです。タイムトラベルには、技術的な困難の他にも、多くの問題が残っています。

例えばどんな問題があるのですか？

代表的なものが親殺しのパラドックスと呼ばれるものです。自分が生まれる前の過去へ行き自分の父を殺してしまったら、自分が生まれることはありません。しかし、実際に自分は存在してしまっています。このような矛盾をどう説明するか、今でも議論がなされています。

相対性理論を完成させた アインシュタインの次なる夢

～この世のすべての力を統合して説明する～

4つの力と統一理論

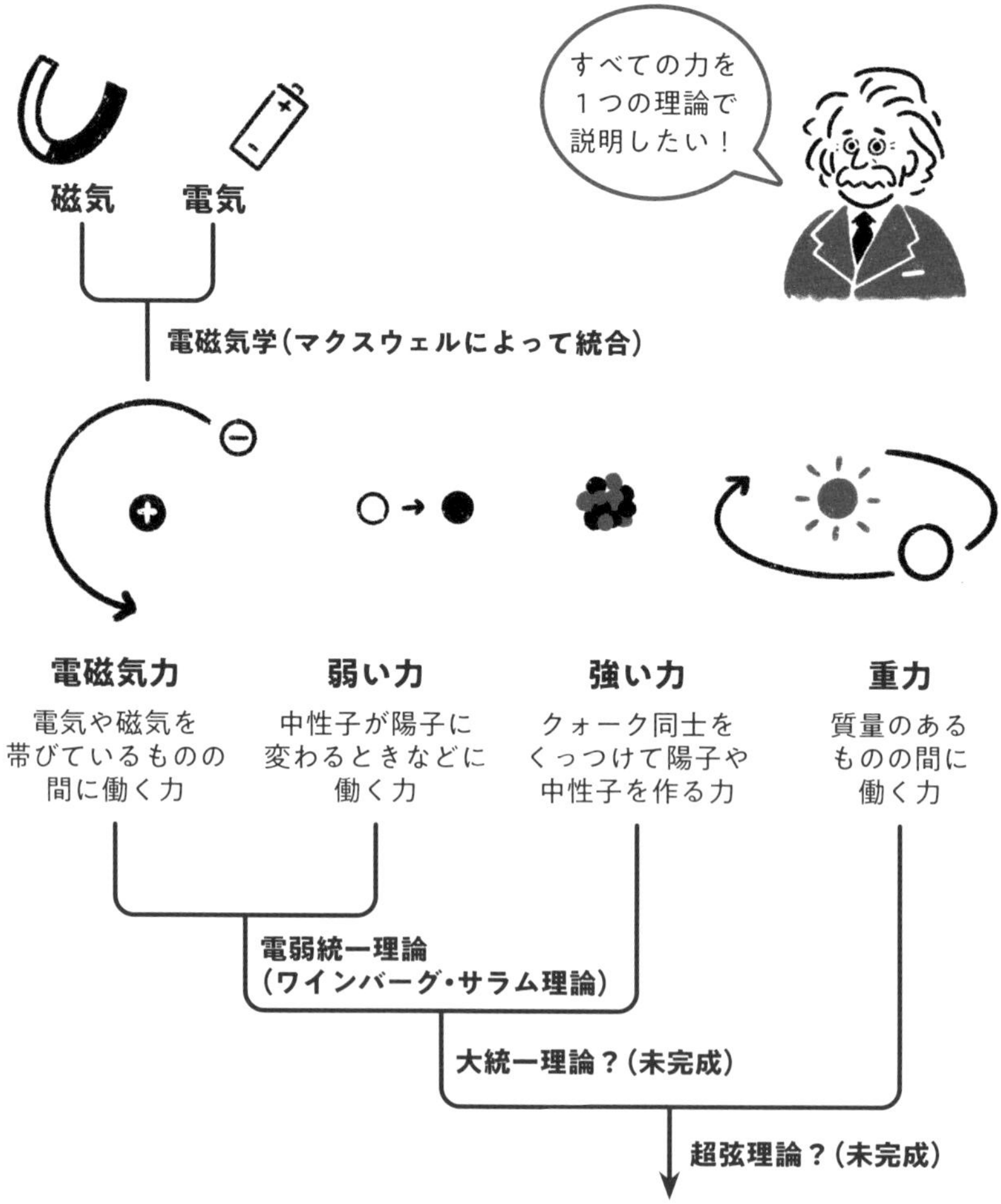
すべての力を
1つの理論で
説明したい！
磁気
電気
電磁気学（マクスウェルによって統合）
電磁気力
電気や磁気を
帯びているものの
間に働く力
弱い力
中性子が陽子に
変わるときなどに
働く力
強い力
クォーク同士を
くっつけて陽子や
中性子を作る力
重力
質量のある
ものの間に
働く力
電弱統一理論
（ワインバーグ・サラム理論）
大統一理論？（未完成）
超弦理論？（未完成）

相対性理論を完成させたアインシュタインの次なる課題、それは**電磁気力と重力を統一的に説明するような理論を完成させること**でした。重力は、元々はニュートン力学で扱われた力であり、アインシュタインが一般相対性理論でその概念を新しくしました。一方で、電磁気力というのは電気や磁気による力のことで、マクスウェルによって統合されました。これらの力をひとまとめに説明できる理論を統一理論と呼び、アインシュタインは死の直前まで統一理論の構築に努めましたが、未完のままにその生涯を閉じました。

現在では、**物理学の「力」には、電磁気力、弱い力、強い力、重力の4つの力が存在することがわかっています**。すなわち、自然界に存在するすべての力は、これらのたった4種類に分類できるというのです。弱い力とは、原子崩壊を引き起こす力のこと、強い力とは原子核の中で陽子と中性子を結びつけている力のことです。

この力の中で、電磁気力と弱い力は電弱統一理論(ワインバーグ・サラム理論)で統一がなされました。また、電磁気力、弱い力と強い力は大統一理論と呼ばれる理論で統一が図られています。さらに、これらに重力を含めた4つの力を統一して説明しようとする超弦理論も登場し、さまざまな理論が活発に議論されるようになってきています。

現在でも重力と電磁気力が統合されていないことからも、アインシュタインの試みがいかに難しいものであったかがわかりますね。

せんせい

どうして4つの力を統合する必要があるのですか？

せいと

物理学の大きな目標の1つが、できるだけ簡潔かつ普遍的な法則を見つけ出すことです。4つの力を1つの理論で説明することができれば、それはこの世界に対する理解をより良いものにしてくれるはず、と考えられます。今もその理念のもとに、多くの物理学者が研究を続けているのです。

せんせい

SUMMARY OF PART 4

第 4 章 の ま と め

アインシュタインにより確立された相対性理論は、時間と空間にまつわる難解な理論です。そのため、発表された当時は、理解できる人が「世界に3人しかいない」と言われていたほどでした。しかし、現代では相対性理論は私たちの生活になくてはならないと言われるほど、関わりの深いものになっています。

例えば、GPSで正確な位置を表示することができるのは、相対性理論のおかげです。また、「エネルギーと質量の等価性」の考え方から、加速器を用いて粒子を加速させ他の物質に衝突させることで新しい物質を生み出すなどの研究も進められています。宇宙の起源を明らかにする「宇宙論」でも、相対性理論が活躍しています。現在は、宇宙は「無」から始まり、そこからインフレーションと呼ばれる急激な膨張を起こした後、超高温・高密度な火の玉状態になったという説が一般的になってきています。しかし、宇宙の始まりやその発展については明らかになっていないことも多く、これらを解き明かすことは現代物理学の究極の目的の1つとされています。

相対性理論がこの世に誕生してから、100年以上が経過しました。2016年には相対性理論で予言されていた重力波が観測されるなど、その輝きは増すばかりです。今後も、物理学のすべての「力」を統合することを夢みた統一理論の研究や、タイムトラベルの研究など、多くの分野で生かされていくことは間違いないでしょう。

用語解説④

衛星
惑星の周りを回っている天体のこと。天体とは宇宙空間にある物体の総称であり、例えば人工衛星なども含まれる。月は地球の衛星。

マイクロ秒
マイクロ（μ）とは、10^{-6}（100万分の1）のこと。つまり1マイクロ秒とは、0.000001 秒のこと。

宇宙項
一般相対性理論に基づくアインシュタイン方程式に登場するもの。

ハッブル
アメリカの天文学者。近代を代表する天文学者の１人であり、宇宙論の基礎を築いた。1990年に、ハッブルの名を冠した宇宙望遠鏡が打ち上げられた。

インフレーション
宇宙は急激な膨張とともに始まったとする、初期宇宙の進化のモデルのこと。その膨張のスケールは、砂粒が銀河1つ分の大きさになる以上だったと考えられている。

タイムトラベル
通常の時間の流れから独立して、過去や未来に移動すること。SF文学や映画などで取り上げられることが多いが、実現には至っていない。

ワームホール
離れた時空の２点を結ぶ、トンネルのような時空の構造のこと。理論上、離れた２点間を光より速く移動することが可能であるが、その存在は確認されていない。

強い力
原子核の中で陽子と中性子を結びつけている力のこと。電磁気力よりも強いため、この名前がついた。

弱い力
原子崩壊を引き起こす力のこと。電磁気力よりも弱いため、この名前がついた。

主な人物

アインシュタイン
(1879-1955)

ドイツ生まれの物理学者。相対性理論をはじめ、物理学の数々の認識を根本から変える理論を数多く提唱した。「20世紀最大の物理学者」と讃えられる。

ニュートン
(1642-1727)

(イギリス)イングランドの物理学者、数学者。物理学の基礎と言われるニュートン力学を確立した。また、独力で微積分法を確立した。神学や自然哲学など、幅広い分野で活躍した。

マクスウェル
(1831-1879)

(イギリス)スコットランドの物理学者。マクスウェル方程式を導き、それまで別々と思われていた電気と磁気を統合して電磁気学を確立した。

ガリレイ
(1564-1642)

イタリアの物理学者。近代科学の発展に多大な功績を残したため、「近代科学の父」と呼ばれる。地球は太陽の周りを周っているとする地動説を唱え、迫害を受けた。

マイケルソン
(1852-1931)

アメリカの物理学者。光速度やエーテルに関する実験が有名。1907年に光学に関する研究の成果によりノーベル物理学賞を受賞した。

モーリー
(1838-1923)

アメリカの物理学者。マイケルソンとともにマイケルソン・モーリーの実験を行った。

エディントン
(1882-1944)

イギリスの天文学者。1919年の皆既日食観測で、一般相対性理論の正しさを示した。天体物理学の多くの分野で重要な業積を上げた、20世紀前 半の代表的天文学者。

ソーン
(1940-)

アメリカの理論物理学者。「LIGO検出器への決定的な貢献と重力波の観測」の業績により、2017年にノーベル物理学賞を受賞した。

ローゼン
(1909-1995)

イスラエルの物理学者。一般相対性理論のアインシュタイン-ローゼン橋の共同発見者として知られる。

ワインバーグ
(1933-2021)

アメリカの理論物理学者。電磁気力と弱い力を統合するワインバーグ・サラム理論を完成させ、1979年にサラムらと共にノーベル物理学賞を受賞した。

索引

英字

あ~お

か~こ

さ~そ

た〜と

な〜の

参考文献

NEWTONムック『ゼロからわかる相対性理論』ニュートンプレス（２０１９）
大宮信光著『面白いほどよくわかる相対性理論』日本文芸社（２００１）
中野董夫著『相対性理論』岩波書店（１９８４）
山田克哉著『E=mc^{2}からくり：エネルギーと質量はなぜ「等しい」のか』講談社（２０１８）
佐藤勝彦『［図解］相対性理論がみるみるわかる本（愛蔵版）』PHP研究所（２００５）
アインシュタイン著　内山龍雄翻訳『相対性理論』岩波文庫（１９８８）

【監修】**松原隆彦**（まつばら　たかひこ）

高エネルギー加速器研究機構、素粒子原子核研究所・教授。博士（理学）。京都大学理学部卒業。広島大学大学院博士課程修了。東京大学、ジョンズホプキンス大学、名古屋大学などを経て現職。主な研究分野は宇宙論。日本天文学会第17回林忠四郎賞受賞。著書は『現代宇宙論』（東京大学出版会）、『宇宙に外側はあるか』（光文社新書）、『宇宙の誕生と終焉』（SBクリエイティブ）、『なぜか宇宙はちょうどいい－この世界を創った奇跡のパラメータ22』（誠文堂新光社）など多数。

【著者】**深澤伊吹**（ふかざわ　いぶき）

1996年生まれ。京都大学工学部卒業、京都大学博士前期課程。サイエンスや勉強法にまつわるブログ「人が右なら私は左」は、中・高校生を中心に人気を集め、月間最大30万PVを誇る。わかりやすいライティング技術に定評がある。

図解　苦手を“おもしろい”に変える！
大人になってからもう一度受けたい授業

相対性理論

2021年11月30日　第1刷発行

監　修　松原隆彦
著　者　深澤伊吹
発行者　橋田真琴
発行所　朝日新聞出版
〒104-8011　東京都中央区築地5－3－2
電話（03）5541 - 8833（編集）
（03）5540 - 7793（販売）

印刷所　大日本印刷株式会社

ISBN　978-4-02-334008-4